周龙雨　冷甦鹏 / 著

面向多目标追踪物联网的
智能资源管理策略研究

Intelligent Resource Management in Internet of Things for
Multiple Targets Tracking

电子科技大学出版社
University of Electronic Science and Technology of China Press

· 成都 ·

图书在版编目（CIP）数据

面向多目标追踪物联网的智能资源管理策略研究 /
周龙雨，冷甦鹏著. -- 成都：成都电子科大出版社，
2025. 1. -- ISBN 978-7-5770-1285-8

Ⅰ. TP212

中国国家版本馆 CIP 数据核字第 2024Z6V999 号

面向多目标追踪物联网的智能资源管理策略研究
MIANXIANG DUOMUBIAO ZHUIZONG WULIANWANG DE ZHINENG ZIYUAN
GUANLI CELÜE YANJIU
周龙雨　冷甦鹏　著

出 品 人　田　江
策划统筹　杜　倩
策划编辑　高小红　饶定飞
责任编辑　陈姝芳
责任设计　李　倩　陈姝芳
责任校对　周武波
责任印制　梁　硕

出版发行　电子科技大学出版社
　　　　　成都市一环路东一段 159 号电子信息产业大厦九楼　邮编 610051
主　　页　www. uestcp. com. cn
服务电话　028-83203399
邮购电话　028-83201495

印　　刷　成都久之印刷有限公司
成品尺寸　170 mm×240 mm
印　　张　10
字　　数　148 千字
版　　次　2025 年 1 月第 1 版
印　　次　2025 年 1 月第 1 次印刷
书　　号　ISBN 978-7-5770-1285-8
定　　价　62.00 元

序

FOREWORD

当前，我们正置身于一个前所未有的变革时代，新一轮科技革命和产业变革深入发展，科技的迅猛发展如同破晓的曙光，照亮了人类前行的道路。科技创新已经成为国际战略博弈的主要战场。习近平总书记深刻指出："加快实现高水平科技自立自强，是推动高质量发展的必由之路。"这一重要论断，不仅为我国科技事业发展指明了方向，也激励着每一位科技工作者勇攀高峰、不断前行。

博士研究生教育是国民教育的最高层次，在人才培养和科学研究中发挥着举足轻重的作用，是国家科技创新体系的重要支撑。博士研究生是学科建设和发展的生力军，他们通过深入研究和探索，不断推动学科理论和技术进步。博士论文则是博士学术水平的重要标志性成果，反映了博士研究生的培养水平，具有显著的创新性和前沿性。

由电子科技大学出版社推出的"博士论丛"图书，汇集多学科精英之作，其中《基于时间反演电磁成像的无源互调源定位方法研究》等28篇佳作荣获中国电子学会、中国光学工程学会、中国仪器仪表学会等国家级学会以及电子科技大学的优秀博士论文的殊誉。这些著作理论创新与实践突破并重，微观探秘与宏观解析交织，不仅拓宽了认知边界，也为相关科学技术难题提供了新解。"博士论丛"的出版必将促进优秀学术成果的传播与交流，为创新型人才的培养提供支撑，进一步推动博士教育迈向新高。

青年是国家的未来和民族的希望，青年科技工作者是科技创新的生力军和中坚力量。我也是从一名青年科技工作者成长起来的，希望"博士论丛"的青年学者们再接再厉。我愿此论丛成为青年学者心中之光，照亮科研之路，激励后辈勇攀高峰，为加快建成科技强国贡献力量！

中国工程院院士

2024 年 12 月

前 言

PREFACE

目标追踪技术在物联网领域的应用日益广泛，尤其是在交通肇事逃逸追踪、边境安全监测，以及动物迁徙保护等关键场景中展现了不可替代的价值。其中，多目标追踪无线传感器网络（multiple targets tracking wireless sensor networks，MTT-WSN）因其低能耗和易部署的特点，成为目标追踪系统的重要组成部分。然而，由于节点移动速度慢和感知资源受限，传统 MTT-WSN 在复杂动态环境下的感知性能和追踪效率仍然面临诸多挑战。随着无人机技术的发展，无人机网络的引入为目标追踪物联网提供了突破性的解决方案。无人机灵活的移动能力显著扩展了感知范围，并在实时动态追踪方面展现出强大的潜力。然而，面对从小规模到大规模、从低速到高速等多样化的目标追踪场景，如何有效调度异构资源，提升目标成功追踪率和实时的协同追踪效率，仍是该领域亟须解决的问题。本书聚焦于目标追踪物联网的异构资源优化，提出了一种基于无人机群的普适性多目标追踪框架，并从理论与实践相结合的角度深入探讨资源调度优化策略，设计了一系列行之有效的异构资源调度算法，为规模差异化场景提供实时和高成功率的追踪保障。

本书第一章为绪论，主要从异构资源优化角度介绍多目标追踪物联网的发展现状，并总结了现有技术的优势和挑战。针对小规模追踪场景中WSN 节点感知资源受限问题，本书第二章提出了一种混合式智能感知调度策略，实现了静态与移动节点相结合的协同工作模式，显著提升了目标感知范围和目标轨迹预测精度，保障了小规模且精细化的目标追踪需求。本书第三章设计了一种分布式动态无人机群协同计算机制，优化了无人机间的任务分配，加强了无人机群的协同计算能力，显著提高了计算资源利用率，进一步保障了高成功追踪率和低延迟的目标追踪。本书第四章首次引入数字孪生（digital twin，DT）技术，构建虚实融合的追踪环境模型，实现对多目标运动速度与移动轨迹的精准预测，同时优化通信资源配置，有效降低通信资源消耗并保障高追踪成功率。本书第五章提出了一种分层数字孪生协同模拟框架。通过在云服务器构建粗粒度的目标与无人机子群映射，预测和推演无人机子群与目标子群之间的位置关系，实时获取最优的追踪关联决策。在子群首构建目标与无人机间细粒度的追踪关联映射，推演无人机之间的位置关系，动态调整参与协同追踪的无人机数量，实现对动态数量目标的实时和高成功率的协同追踪。第六章总结了本书工作，并展望了未来的研究重点。

本书既可供通信工程、计算机科学、物联网和电子工程等相关领域的研究人员和学者参考，也可为低空经济和智慧城市等新兴领域寻找创新点的创业者提供理论支持和实践参考。笔者希望借助本书激发更多研究者对多目标追踪物联网技术开展深入研究，为该领域的理论突破与技术进步贡献力量。在本书的写作过程中，笔者力求结构严谨、表述精准，尽最大努力提升本书的学术质量，但由于笔者水平有限，书中难免存在疏漏之处，恳请读者与领域专家不吝赐教，批评指正，以进一步完善内容，为相关研究提供更加坚实的参考基础。

笔　者
2024 年 9 月

第一章

绪　论

1.1　研究意义

物联网(internet of things，IoT)技术的快速发展催生了数十亿智能终端的互联，这些终端通过协同收集和处理物理信息，为各行各业提供了定制化的便捷服务[1-6]。在这一技术浪潮中，多目标追踪物联网(multiple targets tracking internet of things，MTT-IoT)已成为民用物联网领域的重要组成部分。MTT-IoT 在动物迁徙监测、肇事车辆逃逸追踪、基础设施安防以及太空探索等应用领域中展现了其独特价值，受到了工业界和学术界等的广泛关注[7-10]。MTT-IoT 的常规执行流程如图 1-1 所示。按照追踪范围、目标数量和目标速度的不同，MTT-IoT 可分为小规模、中规模和大规模追踪场景。

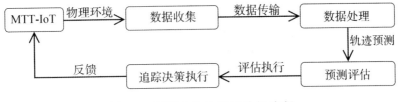

图 1-1　MTT-IoT 的常规执行流程

多目标追踪无线传感器网络(multiple targets tracking wireless sensor networks，MTT-WSN)是一种典型的 MTT-IoT 应用示例。它具备多种优势：不

依赖于固定的网络架构，可快速部署构建自组网，具有出色的抗毁能力。这种独特优势使得 MTT-WSN 在公路边境巡逻等小规模追踪场景中得到广泛应用[11-18]。以公路边境巡逻场景为例，MTT-WSN 能够随机部署在边境周围，以自组织方式迅速形成互联无线网络，协同监测和追踪潜在非法入侵者。WSN 节点负责信息收集，将收集到的数据以单跳或多跳的传输方式，传输至网络汇聚点（Sink）。Sink 节点采用有线或无线传输技术，将信息传输至监控中心（如云服务器）。因此，当 WSN 节点感知到边境附近有可疑人员时，它们会自动收集并上报移动目标的行为信息。监控中心处理该信息以预测目标轨迹，并制定相应的追踪决策。

然而，MTT-WSN 网络部署通常采取随机播撒的方式。此方式极易导致目标感知的冗余或盲区，浪费 WSN 节点的感知资源，降低目标感知的精度。此外，WSN 节点与云端之间存在较远的物理传输距离，无法保证决策下发的实时性。同时，MTT-WSN 的计算资源受限，难以保证目标轨迹预测的精确性。不仅如此，MTT-WSN 有限的能量明显降低了目标追踪的可持续性。

多目标追踪无人机网络（multiple targets tracking-unmanned aerial vehicles，MTT-UAVs）凭借其小型化和灵活性优势，能够显著扩展 MTT-WSN 的目标感知范围，优化 WSN 节点的感知资源，提升协同感知精度。该类网络在铁路边境巡逻、空运边境巡逻等中规模、大规模追踪场景中具有显著的应用价值[19-23]。以铁路边境巡逻场景为例，无人机能按照预设的指令周期性起飞，遵循特定的飞行路径，与 WSN 节点协同监测和追踪非法偷渡车辆和人员。无人机和 WSN 节点通过常规移动通信技术（如 Wi-Fi）将感知信息上传至中心服务器以执行数据处理和分析操作，中心服务器将追踪决策反馈至无人机和 WSN 节点。无人机通过动态调整其飞行姿态和追踪路径，协同合适的 WSN 节点，实现精确的协同追踪。然而，目标数量和速度的变化使得无人机难以实时调整其飞行姿态和路径，极易造成协同追踪过程中的物理碰撞，这需要无人机合理地调度其异构资源（如感知、通信和计算资源等），以实时获取准确的协同追踪决策[24-26]。

基于以上分析，本书以 MTT-IoT 异构资源调度优化为主线，深入分析了混合式 WSN 感知资源协同调度、感知与计算资源协同管理，以及感知与通信资源协同优化等关键科学问题。本书中特别关注多目标追踪的实时性和高成功追踪率与异构资源调度之间的相互作用关系。本书首先构建了一个基于无人机群的 MTT-WSN 框架。基于此框架，分别提出了感知资源智能协同调度策略、感知与计算资源的协同管理机制、感知与通信资源的协同优化策略，以及无人机群协同追踪策略，提高异构资源利用率，满足时延敏感和低追踪误差需求，为实现低时延和高成功率的多目标协同追踪提供理论依据和关键技术支撑。对本书涉及的部分名词解释如下。

（1）目标感知：WSN 或无人机网络采用传感器捕捉移动的物理目标，并收集目标的特征信息。

（2）协同感知：至少两个 WSN 节点或至少两架无人机感知多个移动目标。

（3）资源调度：基于对追踪目标的信息评估，WSN 或无人机网络对自身的感知、计算和通信资源进行合理有效的调节、分析和使用。

（4）协同追踪：至少两个 WSN 节点或至少两架无人机追踪多个移动目标。

（5）追踪调度：基于资源调度算法，调度无人机和 WSN 节点的位置，规划追踪路径。

1.2 研究现状

1. 国内外的研究现状

多目标追踪物联网技术在促进国家经济发展和提高人民生活水平等方

面具有较大作用和深远意义。这类物联网能够利用异构传感器，协同收集并分析物理环境信息，为人们出行和基础设施安全保驾护航。然而，追踪场景规模的差异性使其难以提供高成功率和实时的协同追踪服务。为了实现此目标，现有工作分别从 MTT-IoT 感知资源调度优化、MTT-IoT 计算资源调度优化、MTT-IoT 通信资源调度优化和 MTT-IoT 协同追踪决策优化四部分进行了详细研究。

（1）MTT-IoT 感知资源调度优化。

为了保障精确的目标感知，现有研究主要从数据融合的角度来提升感知的精度[27-31]。孔等人在 2022 年提出了一种基于多源信息融合的多模式复合追踪算法。该算法首先基于多模型无迹滤波算法，获取移动目标的局部估计。在此基础上，该算法引入分层航迹算法，给出移动目标信息的全局估计，从而有效提高目标感知的精度[32]。考虑目标数量的不确定性，Ali 在 2020 年提出了一种基于平均共识的分散数据融合方法。该方法能够将目标的局部状态估计信息与邻居状态估计信息合并，从而保障对不同数量目标的感知精度[33]。针对移动目标速度差异性问题，Abhishek 等人在 2023 年提出了一种异构传感器协同观测方法。该方法可实现对移动目标执行逐帧检测和轨迹数据的关联。通过点云技术对三维移动轨迹进行处理，提升目标感知的鲁棒性[34]。针对目标轨迹的随机性，赵等人在 2021 年提出了一种基于图迹数据关联的改进算法。该方法综合考虑了追踪者与目标之间的物理距离和目标轨迹信息，利用概率分布对目标信息进行融合，实现对动态目标的精确感知[35]。

肖等人早在 2008 年就设计了一种基于联合感知和自适应节点调度的协同感知方案，其能够通过提高节点感知的质量，来提升追踪的精度[36]。该方案由一个主传感器发起，多个传感器参与，可以明显扩大 WSN 的感知区域。然而，当节点数量足够多时，这种集中式管理方案很难保证可靠的信息传输，可能会导致较高的管理复杂度。随着人工智能（artificial intelligence，AI）技术的发展与成熟，张等人在 2021 年提出了一种分布式感知调度方案，可以提升追踪的实时性和成功率[37]。该方案可通过在线学习的方式，迭代计算最优的感知资源调度决策。

孙等人在 2022 年设计了一种基于凸优化的异构资源联合调度策略，用以缓解高复杂度对追踪性能的影响[38]。该策略首先被表述为一个多项式时间复杂度的非确定性问题，通过一种结合序列凸优化和半确定规划的迭代方法，降低了感知资源分配的高复杂度。由于 WSN 节点的感知资源动态变化，感知成本的评估变得至关重要[39]。一方面，设计一种感知成本函数来量化追踪过程中的感知开销，可以有效评估追踪的实时性。另一方面，考虑到 WSN 节点固有的慢移动性，节点协同感知能够提升追踪的精度[40]。此外，由于目标移动在时间上是连续的，一种并行马尔可夫链蒙特卡罗算法可在感知资源有限的约束下，获取合适的 WSN 节点调度方案。

现有研究表明，WSN 节点的随机部署可能导致感知盲区和感知冗余。其中，感知盲区降低了目标检测的精度，而感知冗余则影响信息传输的实时性。此外，常规的惯性预测算法在执行目标预测时可能导致随时间累积的误差，影响目标轨迹预测的精确性。移动 WSN 节点有限的能量也限制了其持续目标感知和追踪的能力[41,42]。Alshamaa 等人提出的分布式感知和追踪算法，采用信任度函数以提升 WSN 节点间的协作能力，但未充分考虑 WSN 节点感知资源有限对信任度影响的问题[43]。

（2）MTT-IoT 计算资源调度优化。

无人机具有灵活的移动性，能够有效帮助 MTT-WSN 提升感知的精度，扩大感知的范围。然而，无人机计算资源和飞行时间的限制是不可忽视的挑战。为了应对这些挑战，赵等人在 2022 年采用了一种协同多智能体强化学习方案。无人机根据移动目标的历史和当前状态，智能地制定飞行决策并执行协同目标追踪[44]。无人机由于无法预先获取目标的运动轨迹，很难保证追踪的实时性。为了实现计算资源的有效管理，以提升轨迹预测的精度，刘等人在 2023 年建立了一种目标追踪的数字孪生（digital twin，DT）系统，通过引入两种不同的神经网络架构，探索目标观测值的特征，理解目标的运动模型信息，对目标进行智能预测，提高跟踪泛化能力[45]。

虽然无人机协同是实现高成功追踪率的一种有效途径，但是无人机受限的计算资源难以实现可持续的目标追踪。现有研究表明，目标追踪分为搜索阶段和追踪阶段：搜索阶段旨在最大化目标搜索区域，追踪阶段旨在最小化追踪误差。吴等人在2020年采用了一种基于随机仿真实验和异步规划的策略，设计一种两阶段的协同路径规划算法，并采用改进的粒子群优化算法，实现不同追踪场景下的计算资源最小化[46]。在搜索阶段，无人机需要频繁感知和计算，为了在最短时间内实现目标搜索的任务，郭等人在2019年设计了一种多无人机协同搜索方案。通过建立三维目标轨迹模型，并嵌入遗传算法优化搜索策略，使得无人机群在最短时间内获取较优的协同搜索决策，降低无人机群协同计算的时间[47]。

现有研究工作主要从追踪场景建模的角度，设计合理的算法来提升计算资源的利用率。然而，由于目标的高度动态性，无人机群在短时间内难以获取目标的精确移动轨迹信息。此外，目标移动轨迹的重叠可能会增加无人机协同追踪的难度。因此，有必要设计一种灵活的协同计算机制来提高计算资源的利用率，从而确保协同追踪的低时延和高成功追踪率。

（3）MTT-IoT通信资源调度优化。

为了降低数据传输的时延，Huynh等人在2022年提出了一种元宇宙辅助的数字孪生方案。该方案通过探索基于边缘计算的任务卸载和任务缓存技术，预测并推演带宽分配和传输功率分配决策，以降低数据传输的时延，提高数据传输的可靠性[48]。此外，为了满足时间敏感和计算密集型业务的时延需求，Huynh等人在2023年又提出了一种数字孪生辅助的边缘计算框架。该框架能够共同优化无人机和边缘服务器的带宽分配、传输功率和任务卸载参数，进一步保障了数据传输的低时延[49]。

随着波束成形技术的不断发展和成熟，无人机的定向数据传输能力也得到了显著的提升。无人机可以采用一种高效的毫米波（millimeter wave，mm wave）通信波束训练技术进行波束训练，以准确获取信道状态信息。为了避免频繁的波束训练所带来的通信开销，Lim 等人在 2020 年设计了一种专用的波束训练策略。该决策可将训练波束单独发送给特定的无人机[50]。为了充分发挥 mm wave 通信的作用，基于相控阵的联合感知和通信方案是实现高阵增益和增长通信距离的关键。然而，这些方案需要准确定位和追踪通信波束，以保证在移动无线链路中的波束对齐。Sasikanth 等人在 2022 年设计了一种调频阵列发射机。该发射机可以将无人机位置转换为定时信息[51]。通过在无线通信的接收和发送定位模式下，快速精确地调整通信的角度，保障实时的无人机群通信，以实现低时延的目标追踪。

然而，在中大规模的 MTT-IoT 场景中，物理环境的干扰明显降低了通信的可靠性。无人机群依靠 AI 技术需要频繁交换感知和计算结果，这对通信资源的开销来说是一项严峻的挑战。此外，现有的研究方案很少关注信息交换数据的冗余性，这显然会增加额外的通信开销。

（4）MTT-IoT 协同追踪决策优化。

除了考虑资源分配对目标追踪实时性和高成功追踪率的影响，节点之间的协同也起着至关重要的作用。在追踪目标之前，无人机需要准确感知移动目标的三维位置，师等人在 2020 年利用基于 Fisher 信息矩阵的代价函数计算出无人机在三维空间感知的 FIM 行列式。通过求解最优观测几何构型，可以最大化 FIM 行列式。基于这些构型结果，无人机可以调整感知姿态，协同观测多个移动目标，以确保追踪的实时性[52]。然而，观测值与目标轨迹之间的关联是未知的。针对这种时变的移动目标，Pranay 等人在 2019 年利用一种新的分布式协同自定位追踪方法，利用置信度传播获得智能体和目标的后验关联概率。通过边缘化处理所有目标和测量之间的关联概率，可以有效反映定位评估的偏差，通过优化这些偏差，确保目标追踪的高成功率[53]。

为了获取合理的追踪决策，杨等人在 2021 年获得了一种基于赢家通吃模型的最优控制策略。该策略通过借助人工势场法，对人工势场函数进行改进，设计模糊控制决策，实现动态目标的轨迹追踪[54]。为了进一步提高追踪的性能，无人机之间的信息同步是一个需要关注的问题。无人机的位置可以通过 Fisher 信息矩阵获取，通过分解传输的信号和自定位信息，来保证无人机之间协同追踪的同步，提升无人机之间协同追踪的高成功率[55]。

为了进一步提高多目标追踪的成功率，于等人在 2019 年提出了一种自适应双阈值稀疏傅里叶变换算法。该算法基于感知到的数据，执行下采样快速傅里叶变换，抑制强杂波点对感知信息稀疏性和追踪估计的影响。该算法通过降低物理信息的干扰，来获取精确的追踪决策[56]。另外，考虑不同类型的移动目标，于等人在 2023 年设计了不同的目标运动模型。首先，利用贝叶斯推理对目标状态进行分类和识别。然后，根据分类结果，选择适合的运动模型，有效降低对未知目标的追踪误差[57]。

此外，追踪成功率与追踪场景的规模差异性也存在着较强的相关性[58-62]。针对特定的目标追踪场景，宗等人在 2021 年提出了一种基于数字孪生的机器人协同监测系统。该系统能够模拟机器人在真实场景中的运动，优化运动路径，实现协同的精确监测[63]。此外，林等人在 2022 年还设计了一种 SiamUNet 三孪生网络目标追踪算法。该算法通过预测感知视频每帧中的目标图像，判断每个像素是否属于目标，从而获得更准确的目标移动信息[64]。考虑追踪场景的动态变化，周等人在 2021 年提出了一种目标深度特征融合学习算法。该算法能够在动态的追踪环境下，实现对多个小型目标的高效监测[65]。

无人机网络具有小型化和灵活性的优势[66-70]，可以保障多目标追踪的实时性。刘等人在 2019 年提出了一种新的无人机追踪系统架构，该架构采用支持向量机的目标筛选算法选择正确的追踪目标，联合使用机载计算机、视觉传感器和二维激光扫描仪，实现对运动目标的实时追踪[71]。此外，邢等人在 2022 年设计了一种基于参数噪声的协同追踪策略，该策略引入了一种基于上置信度算法的时空信息，自适应更新预测追踪结果，优化追踪的路径，确保追踪的实时性[72]。

2. 现有研究的总结

基于对现有技术的分析，针对小规模追踪场景，如何提升 MTT-WSN 感知资源利用率是提高追踪成功率和实时性的关键。针对中规模追踪场景，分布式追踪架构更具有灵活性。无人机群运用 AI 技术可实现智能的目标感知和协同计算，保障目标轨迹预测的实时性。然而，单个无人机所具有的有限计算资源成为其高度智能化协同轨迹预测能力的制约因素。群体智能（swarm intelligence，SI）技术提供了一种有效的解决方案。采用 SI 技术，无人机能够与周围无人机共享感知信息和追踪策略，实现实时的协同追踪。然而，值得注意的是，SI 算法的输出决策不具有稳定性[73-76]，这会影响协同追踪的成功率。无人机可以通过与邻居无人机交换感知信息，进而提高协同追踪的成功率[77,78]。然而，当无人机感知到多个快速移动的目标时，无人机需要在短时间内完成与邻居无人机的信息交换，而有限的通信资源限制了无人机群频繁进行信息交换的能力，难以帮助无人机群在短时间内获取低通信开销的协同追踪决策。

数字孪生技术不仅能够通过赛博映射去反映物理实体的状态，而且能够记录物理世界的进化过程[79,80]，进而弥补 AI 技术的高时延训练。一种典型的数字孪生系统主要由物理实体、虚拟实体和物理虚拟接口组成。物理实体使用传感器获取物理环境信息和目标移动信息。物理实体将这些信息通过接口传输到虚拟空间，在虚拟空间中，该技术能够预测和推演物理实体的状态。此外，该推演过程能够诊断 MTT-UAVs 系统是否输出不合理的协同追踪决策。尽管如此，传统的数字孪生技术具有高计算复杂度、无人机群计算资源受限等缺点，难以保障精确和实时的场景模拟和推演。WSN网络和无人机网络的融合可以有效提升目标感知的精度和追踪的实时性。然而，由于该融合网络的计算资源有限，难以运行高复杂度的数据处理算法。此外，引入无人机网络也意味着将会产生大量的通信开销。基于此，需要设计一种有效的基于无人机群的 MTT-WSN 协同追踪框架，通过整合异构资源，来有效提升追踪的实时性和成功率。

3．现有研究的不足

从目标速度、目标数量以及追踪规模角度联合分析，现有研究仍存在诸多不足。笔者将现有研究存在的挑战总结于表 1-1 中，并从异构资源调度的角度分析了现有研究的不足。

表 1-1 现有研究对比总结

异构资源调度	面临的挑战	解决方案
感知资源调度	随机播撒造成的感知冗余和感知盲区	
	有限的感知范围很难保证精确感知	[36-38，40]
	无法精准预测未知的入侵目标	[46]
计算资源调度	大量数据引发数据处理的高时延	[52，54]
	高处理时延输出不合理的无人机追踪决策	[53，55]
	不合理的追踪调度引发物理碰撞	
通信资源调度	稀缺的通信资源无法保障频繁的信息交互	[50]
	少量的信息交互难以确保准确的追踪决策	[51]
	冗余的信息消耗额外的通信资源	[81，82]
协同追踪调度	难以在复杂场景中获取高隐蔽性的目标信息	
	有限的飞行能量制约持续的协同追踪	[44，47，83]
	稀缺的能量无法确保持续的追踪	[39]

（1）感知资源受限难以保证精确且持续的目标感知。

在现有的研究中，主要通过优化部署策略来减少大范围感知盲区。然而，这种方法可能导致传感器节点的感知区域重叠，增加了目标精确感知和数据处理的难度，从而降低了目标追踪的成功率。此外，由于部署成本和物理因素的限制，现有方案在追踪系统有限的计算能力下，难以保证追踪的实时性。因此，设计一个有效的协同感知解决方案，确保协同追踪的低时延和高成功追踪率，是当前研究的重点。

（2）难以整合的计算资源无法保障精确的目标轨迹预测。

现有研究主要集中在追踪路径的调度规划上，而优化路径规划的关键在于获取移动目标运动轨迹的先验信息。然而，由于目标具有动态调整其运动轨迹的能力，2019 年，Nasir 等人提出的匹配 Q 网络算法基于目标的离散观测信息，难以完成精确的目标轨迹预测[84]。此外，物理环境因素（如山脉和树林）的干扰也增加了预测目标轨迹的复杂性，从而严重影响目标追踪的实时性和高成功追踪率。因此，设计一种精确且实时的轨迹预测方案对提高无人机追踪目标的准确性具有重要意义。

（3）有限的通信资源无法满足频繁的信息交换需求。

当前研究主要聚焦于信道模型的设计，旨在通过调整发射波束方向，减少波束训练的开销。然而，系统内频繁的信息交换同样是导致高通信开销的关键因素。频繁的信息交换对实现协同追踪共识和精确的追踪决策至关重要。尽管陈等人在 2020 年设计了一种雷达阵列自适应调整机制来提高通信质量，但它并不足以应对频繁的物理信息交换需求。因此，基于现有的技术和方法，追踪系统在实时信息交换方面存在限制，难以实现低时延的追踪共识。

（4）目标数量的变化难以保证追踪决策的准确性。

在协同追踪系统的研究中，不仅需要解决追踪节点间信息同步的问题，而且必须从目标的移动性角度考虑，以确定最佳的追踪关联关系。考虑到目标动态的移动轨迹，韩等人在 2018 年提出的一种基于模糊逻辑的追踪算法通过给定的规则评估目标的优先级，进而实现对不同目标轨迹的精确分析。然而，仅依赖于给定的目标移动属性，追踪系统难以制定精确的追踪关联决策，这对于提升追踪的成功率是不够的。因此，在处理高度复杂的追踪场景中，如目标数量和轨迹同时发生变化，现有研究并未提供有效的动态追踪调度方案，难以满足高成功追踪率和追踪实时性的需求。

1.3 主要研究思路

基于多目标追踪场景中的关键问题，本书以提升追踪成功率和实时性为目标，提出了一种基于无人机群的 MTT-WSN 框架，该框架充分发挥了无人机群、移动 WSN 节点和静态 WSN 节点各自的优势，以满足不同规模场景下追踪成功率和实时性的需求。基于无人机群的 MTT-WSN 框架如图 1-2 所示，移动 WSN 节点动态地激活路径周边合适的静态 WSN 节点，保障高精度的协同目标感知。无人机网络基于高视野的感知能力，不仅能够进一步扩展目标感知的范围，还为移动 WSN 节点提供优化的移动感知路径规划方案。该框架还灵活利用了边缘服务器和云端的计算资源，为不同规模追踪场景下的精确且实时追踪提供有力保障。基于此，MTT-WSN 可以通过无人机快速将感知数据传输至边缘服务器和云端，确保高精度的协同轨迹预测。无人机可根据传感器节点提供的目标信息，准确评估目标移动路径，输出精准的协同追踪决策。

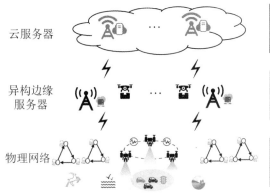

图 1-2　基于无人机群的 MTT-WSN 框架

在本书提出的框架中，无人机群以其灵活的飞行优势，能够高效地收集 WSN 节点的位置信息，协调合适的 WSN 节点，执行协同的多目标感知和追踪。此外，利用边缘服务器的计算资源，结合人工智能技术，此框架可优化移动节点的感知路径和协同追踪决策。考虑到无人机和 WSN 难以利用有限的计算资源来实现实时的在线学习，本书通过采集物理环境中的实测目标信息，结合仿真数据执行离线训练。基于训练的结果，该框架能够动态地激活合适的静态 WSN 节点，提高协同感知的精度。不仅如此，边缘服务器可调整移动 WSN 节点的运动轨迹，以降低感知和追踪过程中的能耗，保障目标感知和追踪的可持续性，扩大感知和追踪的范围。

该框架还可应用于中规模和大规模的目标追踪场景。在中规模且速度可变的目标追踪场景中，该框架通过运用数字孪生技术，构建物理空间和虚拟空间的映射，预测和推演无人机与目标的移动路径。无人机利用推演结果精准调度天线波束的方向，构建最优的智能信息传输路由，降低通信开销的同时，提升协同追踪的成功率和实时性。针对大规模场景中数量可变的目标，云端和边缘服务器协同推演无人机群与目标之间的位置关系，按照目标的移动特征，将无人机群分为多个子群，制定最优的协同追踪关联决策。此外，通过预测无人机的运动路径和目标的移动轨迹，该框架能够选择适当数量的无人机，以确保协同追踪的低时延和高成功率。因此，无人机与 WSN 节点的结合可实现不同规模场景下的协同追踪。

1.4 本书研究内容

本书以优化规模差异化追踪场景中的异构资源调度为主线，以提升协同追踪的成功率和实时性为目标，围绕该目标，本书采用 AI 和数字孪生等新兴技术和理论技术手段，设计了一种基于无人机群的 MTT-WSN 框架，以提升不同规模追踪场景下的目标追踪成功率，降低协同追踪的时延。以混合式 WSN 作为核心系统，设计了一个高效的无人机协同追踪系统，支持端边云架构、人工智能算法和数字孪生技术的灵活设计，适配规模差异化的协同追踪需求。

以边境偷渡监测和追踪场景为例，小规模追踪场景主要出现在公路边境口岸和贸易口岸等地。偷渡目标的数量一般较少，且移动速度较慢。因此，追踪系统需要精确监测数量有限、移动缓慢的目标。中规模追踪场景通常位于铁路边境口岸和水运边境口岸。与小规模追踪场景相比，偷渡目标数量较多，且存在不同速度的目标，从低速到中高速不一。这要求追踪系统具备灵活性，能够实现精确且实时追踪速度差异化的目标。大规模追踪场景主要集中于空运边境口岸。与中规模追踪场景相比，偷渡目标数量众多，速度差异显著，并且数量可能不断变化。这种场景要求追踪系统不仅能处理大量数据，还能够追踪快速移动且数量不断变化的目标。针对这类规模差异性追踪场景，本书以无人机群的 MTT-WSN 框架为基础，探索异构资源调度优化策略，设计低时延且高成功率的协同追踪算法。本书的主要研究内容如下。

（1）混合式无线传感器网络智能感知资源调度策略。

针对小规模追踪场景中无线传感器网络感知资源受限问题，本书提出了一种混合式 WSN 智能感知资源调度策略。该策略通过合理规划移动 WSN 节点的目标感知路径，动态激活合适数量的静态 WSN 节点，实现对目标的精确协同感知，提高目标感知的精度并扩展感知范围。具体来说，本书设计了一种边缘计算辅助的协同感知和追踪系统模型。该系统模型通过分析 WSN 节点的位置信息，动态调度其感知资源，获取最优的混合式 WSN 协同感知策略。基于协同感知结果和目标的移动轨迹，本书提出了一种动态资源调度算法（dynamic resource allocation algorithm，DRAA）。该算法通过跨层协同移动 WSN 节点和边缘服务器的计算资源，实现了对多目标轨迹的协同评估，保障了对目标移动轨迹的精确预测。边缘服务器利用该预测结果，实现对移动 WSN 节点路径的合理规划。此外，移动 WSN 节点能够动态激活周围恰当的静态 WSN 节点，以降低追踪的误差，保障低能耗的实时追踪。

（2）分布式无人机群智能协同计算管理机制。

与小规模追踪场景不同，中规模追踪场景更复杂且目标速度更快。针对该场景中快速移动目标带来的高计算开销问题，本书提出了一种分布式无人机群协同计算管理机制。该机制能有效选择合适数量的无人机执行协同目标轨迹预测，确保多目标轨迹预测的精度和实时性。无人机利用其感知资源协同感知移动目标，获取精准的目标信息，并动态选择适当的邻近无人机，借用其可用计算资源以执行协同轨迹预测，从而提高计算资源的利用率和轨迹预测的精度。此外，该机制结合了传统扩展卡尔曼滤波（EKF）的低计算复杂度和粒子群算法的强大探索能力。通过将扩展卡尔曼滤波算法的结果输入粒子群算法中，加快了预测算法的执行速度，实现了对多个目标的精准轨迹预测。在此基础上，进一步提出了一种分布式无人机群协同追踪算法。基于精确的轨迹预测结果，该算法能够优化无人机的追踪决策，动态关联并追踪适当的移动目标，降低追踪系统的能耗，同时保障协同追踪的实时性和高成功追踪率。

（3）数字孪生赋能的无人机群感知通信资源协同调度策略。

考虑中规模追踪场景中目标速度动态变化导致的高通信时延问题，本书提出了一种数字孪生技术赋能的感知通信协同调度策略。该策略运用数字孪生技术，利用物理信息构建虚拟空间，实现物理空间至虚拟空间的同步映射，从而精准推演无人机和目标的移动路径，选择合适数量的无人机执行协同追踪，降低无人机之间的通信开销。具体来说，针对中低速目标，该方案利用数字孪生模型预测无人机的移动路径，指导无人机挑选合适数量的邻居，规划合理的追踪路径，以实现精确的协同追踪。对于高速移动目标，基于轨迹预测结果，数字孪生模型协助无人机调整天线波束方向，构建优化的信息传输路由，指导无人机飞行至有利于观测的空域，提前做好协同追踪的接力工作，提高对高速移动目标的成功追踪率。

（4）基于分层数字孪生的无人机群协同追踪策略。

相比中规模追踪场景，大规模追踪场景中的目标数量也会动态变化，然而传统数字孪生技术的高计算复杂度很难为数量可变的目标构建精确和实时的映射。针对此问题，本书基于对端边云计算资源差异性的分析，提出了一种基于分层数字孪生的协同追踪策略。该策略采用双粒度数字孪生模式，云服务器利用无人机和移动目标的位置信息，采用图学习算法，构建粗粒度数字孪生映射。此映射模型能够推演无人机和目标间的位置关系，将无人机分成多个子群，并制定子群与目标子群间的最优追踪关联决策，实现精确的群间协同追踪。在此基础上，子群首基于群内无人机成员的感知姿态和位置关系，构建细粒度数字孪生映射，进一步推演群内成员与目标间的最优动态关联决策，并规划合理的追踪路径，实现实时的群内协同追踪。考虑大规模追踪场景的复杂性，无人机难以确保与云服务器之间的稳定通信，本书提出了一种分布式无人机群分解算法。无人机利用信息交互机制，能自主分成多个子群，并共同选举合适的子群首，子群首负责追踪路径的规划，确保协同追踪的低时延和高成功率。因此，即便在无云服务辅助的条件下，该策略仍能满足低追踪时延和高成功追踪率需求。

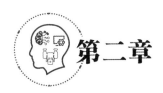

第二章

混合式无线传感器网络智能感知资源调度策略

为解决小规模追踪场景中目标感知精度低和感知范围窄的问题，本章提出了一种混合式无线传感器网络智能感知资源调度策略。本章的主要内容包括混合式 WSN 协同感知模型分析、动态资源调度算法设计和算法验证及评估。

2.1 引言

混合式 WSN 由多个静态 WSN 节点和移动 WSN 节点组成。静态 WSN 节点作为一类无线传感器节点，其主要特征是位置固定，不会移动或改变位置。这些节点被部署在特定的地理位置，用于监测物理环境中的移动目标。与此相反，移动 WSN 节点具备移动性，能够在网络内自由移动。考虑小规模追踪场景中目标数量少和目标移动速度慢的特性，MTT-WSN 能够通过激活静态 WSN 节点并调度移动 WSN 节点来执行协同的感知和追踪。然而，静态节点的随机部署可能导致感知盲区和感知冗余，感知盲区降低了目标感知的精度，而感知冗余会消耗额外的计算资源，很难保障目标感知和追踪的可持续性。

针对 MTT-WSN 在小规模追踪场景中感知精度低和感知范围窄的挑战，本章以感知和计算资源调度优化为主线，提出了一种混合式 WSN 智能感知资源调度策略，旨在实现精确、实时和可持续的目标感知和追踪。基于该策略，移动传感器节点能够动态激活周围的静态传感器节点，实现协同的目标感知。WSN 节点能够选择合适的移动节点或边缘服务器来执行协同的数据处理，保障精确且实时的目标轨迹预测。在此基础上，本章提出了一种动态资源分配算法，旨在扩大目标感知和追踪范围。该算法通过跨层协同移动传感器节点和边缘服务器的计算资源，获取更加精确的目标轨迹预测结果和协同感知决策，实现可持续的目标感知和追踪。

2.2 混合式无线传感器网络协同感知建模分析

移动 WSN 节点的引入，能够有效管理静态节点的感知资源，提高目标协同感知的精度。然而，由于 WSN 节点的计算资源有限，难以准确预测目标的移动轨迹。因此，本小节设计了一种边缘计算辅助的协同感知和追踪方法，以实现精确和实时的感知。该方法充分利用边缘服务器的计算资源，从而提升轨迹预测的精度。边缘计算辅助的协同感知和追踪系统模型如图2-1 所示。

在图 2-1 中，M 个 WSN 节点随机分布在小规模边境口岸周围，表示为 $\mathcal{M} \in \{1, 2, \cdots, M\}$，其中，包含 N 个移动节点，用 $\mathcal{N} \in \{1, 2, \cdots, N\}$ 表示，这些节点的主要任务是检测潜在的移动目标。移动节点的加入也提供了可用的计算资源，减轻边缘服务器的计算压力。本节主要采用的数学符号描述见表 2-1 所列。

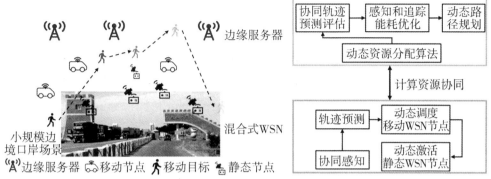

图 2-1　边缘计算辅助的协同感知和追踪系统模型

表 2-1　第二章主要数学符号描述

符号	解释	符号	解释
τar	可接受的最大追踪时延	A^L	信息卸载决策向量
$r_{i,j}$	节点之间的信息传输速率	$r_{i,s}$	节点与边缘服务器间的信息传输速率
K_t	卡尔曼增益	$\overrightarrow{sat}$	WSN 节点状态向量
E_i^{sleep}	WSN 节点睡眠能耗	E_i^{idle}	WSN 节点空闲能耗
E_i^{check}	WSN 节点检测能耗	E_i^{work}	WSN 节点感知和追踪能耗
E_i^{com}	节点 i 的信息传输能耗	g^t	节点 i 传输信息时的信道增益

2.2.1　边缘计算辅助的协同感知建模分析

本节首先建立了一种混合式 WSN 协同感知模型，其目标是最小化传感器节点之间感知区域的重叠，降低感知数据的冗余，同时确保数据收集的全面性，模型的建立见式(2-1)。

$$\text{sen}_{\min} \leqslant \text{Surf}(i,\ t) \cap \text{Surf}(j,\ t) \leqslant \text{sen}_{\max}，\text{如果节点} i \text{和} j \text{相邻} \quad (2\text{-}1)$$

其中，$\text{Surf}(i,\ t)$ 表示在时刻 t 时，WSN 节点 i 的感知区域，$\text{sen}_{\min}$ 和 $\text{sen}_{\max}$ 分别表示可接受的区域重叠下界和上界。

为了保障实时的数据传输，以实现低时延的协同轨迹预测，本小节通过建立 WSN 节点和边缘服务器之间的传输模型，选择最佳的移动节点或边缘服务器来执行协同的轨迹预测。该数据卸载决策 A^L 表示为 $A^L = \{a_{i,j},$

$a_{i,s}\}$，其中，上标 L 表示当前的追踪任务；$a_{i,j}$ 表示静态 WSN 节点 i 将感知信息卸载到移动节点 j；$a_{i,s}$ 表示静态 WSN 节点 i 将感知数据卸载到边缘服务器 s。为了选择最佳的卸载决策，静态节点 i 可以评估移动节点和边缘服务器的可用通信资源。在时刻 t，静态 WSN 节点的传输功率和信道增益分别表示为 p^t 和 g^t，静态节点 i 与移动节点 j 之间的传输速率 $r_{i,j}$，以及静态节点 i 与边缘服务器 s 之间的传输速率 $r_{i,s}$，见式（2-2）。

$$\begin{cases} r_{i,j} = a_{i,j}\log_2\left(1 + \dfrac{p_i^t g_i^t}{\delta_i}\right) \\ r_{i,s} = a_{i,s}\log_2\left(1 + \dfrac{p_i^t g_i^t}{\delta_i}\right) \end{cases} \tag{2-2}$$

其中，$a_{i,j}$ 和 $a_{i,s}$ 分别表示移动节点 j 和边缘服务器 s 分配给静态节点 i 的传输带宽；δ_i 表示具有高斯特性的系统噪声。传输时延 $t_{i,j}$ 和 $t_{i,s}$ 见式（2-3）。

$$\begin{cases} t_{i,j} = \dfrac{\eta L}{r_{i,j}} \\ t_{i,s} = \dfrac{(1-\eta)L}{r_{i,s}} \end{cases} \tag{2-3}$$

其中，L 表示当前的追踪任务；$t_{i,j}$ 表示静态传感器节点 i 向移动传感器 j 传输信息所需的传输时延；$t_{i,s}$ 表示静态传感器节点 i 向边缘服务器 s 传输信息所需的传输时延；$\eta \in [0, 1]$。基于此，协同计算的执行时间 τ_r 见式（2-4）。

$$\tau_r = \frac{(1-\eta)L}{f^e} \tag{2-4}$$

其中，f^e 表示节点的计算能力，其与中央处理器（central processing unit, CPU）的性能紧密相关。该系统的总执行时延 τ_e 见式（2-5）。

$$\tau_e = \tau_c + \tau_b + \tau_a \leqslant \tau_{ar} \tag{2-5}$$

其中，τ_a、τ_b 和 τ_c 分别表示感知时延、计算时延和信息传输时延；τ_{ar} 表示感知和追踪任务的最大容忍时延。

2.2.2 优化模型建立

在小规模追踪场景中，目标的移动特征通常表现为随机运动[85]。为了更加精确地描述和预测这种随机运动，本小节采用了扩展卡尔曼滤波移动模型[86]。该模型通过引入随机函数，能够更贴近实际的目标运动模式，从而更准确地描述目标运动系统的演化过程，并精确预测目标的移动轨迹。该模型包含预测和更新两个核心阶段，两阶段共同工作以精确预测目标的运动轨迹。预测阶段主要负责刻画目标的运动状态，包括位置、速度和加速度信息。该阶段是基于目标的物理运动规律构建的，能够有效地描绘目标运动的随机特性。更新阶段则着重于从预测阶段获取目标的当前状态信息，以此优化目标状态的估计和预测。基于此，目标的移动模型见式(2-6)。

$$x_{t+1|t} = Fx_t + \omega_t \tag{2-6}$$

其中，x_t 是目标在时刻 t 的物理位置；F 是转换矩阵；ω 是基于高斯白噪声的噪声矩阵[87]。

移动 WSN 节点执行预测阶段，边缘服务器执行更新阶段，从而降低协同计算的时延。在预测阶段，WSN 节点使用协方差矩阵 $P_{t+1|t} = FP_tF^T$ 来评估预测值 $x_{t+1|t}$。基于预测阶段的结果，在更新阶段，边缘服务器计算卡尔曼增益 K_t 和偏差参数 $\tilde{y}$。利用评估差值 $\tilde{y} = z_t - H_t$ 来评估预测的性能，其中，H_t 是评估矩阵。通过最小化均方误差，计算最优的卡尔曼增益，提高轨迹预测的准确度，卡尔曼增益计算见式(2-7)。

$$K_{t+1} = P_{t+1|t}H_{t+1}^T S_{t+1}^{-1} \tag{2-7}$$

其中，$S_{t+1} = H_{t+1}P_{t+1|t}H_{t+1}^T$ 表示更新协方差。该协方差矩阵可以通过迭代求解的方式获得：$P_{t+1|t+1} = (I - K_{t+1}H_{t+1})P_{t+1|t}$。更新阶段的评估模型见式(2-8)。

$$x_{t+1|t+1} = x_{t+1|t} + K_t\tilde{y} \tag{2-8}$$

为了降低系统的感知和追踪能耗，本节将 WSN 节点的状态划分为睡眠状态、检测状态、空闲状态和追踪状态，并用状态向量 $\vec{sat}$ 表示，即 $\vec{sat} = [s^{\text{sleep}}, s^{\text{check}}, s^{\text{idle}}, s^{\text{work}}]$。在没有目标存在时，WSN 节点将转换为睡眠状态。当检测到目标存在时，节点的状态会切换至空闲状态，此时节点具有感知目标信息的能力。当节点从空闲状态切换至检测状态时，节点具备处理目标信息的能力。最后，当状态转换为追踪状态时，移动节点能够与其他节点协同追踪移动目标。在一个追踪周期 c_p 内，节点 i 处于睡眠状态时的能耗模型见式(2-9)。

$$E_i^{\text{sleep}} = \int_0^{C_p} P_0 \mathrm{d}t \tag{2-9}$$

空闲状态时的能耗模型见式(2-10)。

$$E_i^{\text{idle}} = \int_0^{C_p} P_{\text{idle}} \mathrm{d}t \tag{2-10}$$

其中，$P_{\text{idle}} = \eta_w P_0$；$\eta_w > 1$。

使用 φ_i 表示节点 i 的状态转换概率，节点处于检测状态时的能耗为 $E_i^{\text{check}} = \dfrac{\varphi_i - (\varphi_i)^{k+1}}{1 - \varphi_i} \int_0^T \eta_w P_0 \mathrm{d}t$。当 $k = 1$ 时，该能耗模型见式(2-11)。

$$E_i^{\text{check}} = E_i^{\text{trans}} + E_i^{\text{com}} + \varphi_i \int_0^{\gamma} \eta_w P_0 \mathrm{d}t \tag{2-11}$$

其中，$E_i^{\text{trans}} = 2 \epsilon_{\text{elec}}(q_t + q_s) + \epsilon_{\text{amp}} q_r d^2$；$\epsilon_{\text{elec}}$ 和 ϵ_{amp} 分别是节点在传输单位比特数据时，线圈和发射增益的能耗；q_t，q_s 和 q_r 分别代表不同数据量的数据；$E_i^{\text{com}} = \kappa a l f^2$，其中，$\kappa$ 是电容转换参数；$a \in [0, 1]$ 是一个归一化实数。

基于此，节点的追踪能耗见式(2-12)。

$$E_i^{\text{work}} = v \gamma \varpi_v \tag{2-12}$$

其中，ϖ_v 表示单位能耗。

基于上述模型，该系统的感知和追踪能耗可以表示为 $\vec{E}_i^{\text{sat}} = [E^{\text{idle}}, E^{\text{sleep}}, E^{\text{check}}, E^{\text{work}}]$。目标感知和追踪的优化目标见式(2-13)。

$$P1: \quad \min_{\varphi_i} \frac{1}{T} \sum_{\gamma=1}^{T} \sum_{i=1}^{m} E_i^{\text{sat}} \tag{2-13}$$

$$\text{s. t.} \begin{cases} C1: & t_a \leq \tau_{ar} \\ C2: & P_i \leq P_{i,\max} \\ C3: & E_r \leq W_{i,\max} \end{cases}$$

其中，$C1$ 表示感知和追踪的时延约束；$C2$ 是功率控制约束；$C3$ 表示追踪误差约束，其中，$E_r = \sqrt{\left(\dfrac{\sum_{i=1}^{m} x_i}{m} - x_t\right)^2 + \left(\dfrac{\sum_{i=1}^{m} y_i}{m} - y_t\right)^2}$；$W_{i,\max}$ 表示可接受的最大追踪误差。

本节的优化目标是最小化感知和追踪系统的能耗。在考虑 M 个 WSN 节点协同感知和追踪的情况下，这些节点位于不同的地理位置，节点之间的协同关系可以抽象为一个图 G。该图 G 包含 M 个顶点和至少 $M-1$ 条边，为了实现精确的感知和追踪，需要找到 K 个相互独立的子图，以便协同追踪 K 个移动目标。当 M 足够大时，这个问题可以归约为独立集问题[88]，这是一个典型的非凸问题。针对此问题，本章在下一节提出了一种动态资源调度算法，为混合式 WSN 提供可行的协同感知和追踪决策。

2.3 动态资源调度算法

为了解决上一节建立的优化模型，本节提出了一种动态资源调度算法。基于该算法，边缘服务器能够合理调度移动 WSN 节点的计算资源，协同预测移动目标的轨迹，并合理规划移动 WSN 节点的感知和追踪路径，实现精确的协同感知，确保在满足时延约束、功率约束和预测精度约束的条件下，实现低能耗的目标感知和追踪。

由于在时刻 t，节点的状态仅依赖于前 $t-1$ 时刻。因此，优化模型 $P1$ 可以抽象为马尔科夫决策过程，其包含状态空间、决策空间、状态转移函数、目标感知和追踪回报函数。

（1）状态空间。该状态空间包含当前时刻目标的轨迹预测结果、节点的

剩余能量、目标和节点之间的物理距离以及节点的状态。该状态空间可以表示为

$$s(t) = \{x(t), K_t, \text{con}_t, t_\alpha, E_{i,t}^{\text{sat}}, E_{i,t}^{\text{trans}}, E_{i,t}^{\text{com}}\}$$

（2）决策空间：$a(t) = \{a_l, \beta_i\}$，其中，$\beta_i \in \{0, 1\}$ 表示是否调度节点 i。

（3）状态转换函数：转换概率模型建立为

$$P[s'|(s, a)] = P\{s'[p(t+1), \text{con}_{t+1}, E_{i,t+1}^{\text{sat}}]|s[x(t), \text{con}_t, E_{i,t}^{\text{sat}}]\}$$

（4）目标感知和追踪回报函数：$r(t) = k_1 e + k_2 a + k_3 q$，其中，$e$，$a$ 和 q 分别表示系统的能量消耗、均方误差和获得的回报。k_1，k_2 和 k_3 是对应的权重因子，$k_1 + k_2 + k_3 = 1$。

图 2-2 展示了该算法的整体设计和运行流程，包括数据层、特征层和决策层。具体而言，在数据层，该算法允许节点共享获取到的目标运动信息和节点剩余能量信息。在特征层，边缘服务器接收到相关信息后，整合预测神经网络和卡尔曼滤波算法，高效处理目标信息，预测目标的移动轨迹。该预测神经网络模型见式（2-14）。

$$\begin{bmatrix} x(k+1) \\ x(k+2) \\ \vdots \end{bmatrix} = \begin{bmatrix} x(1), & x(2), & \cdots, & x(k) \\ x(2), & x(3), & \cdots, & x(k+1) \\ \vdots & \vdots & \ddots, & \vdots \end{bmatrix} \begin{bmatrix} \mathcal{X}_1 \\ \mathcal{X}_2 \\ \vdots \\ \mathcal{X}_m \end{bmatrix} \tag{2-14}$$

其中，$\mathcal{X}_m$ 表示评估参数。

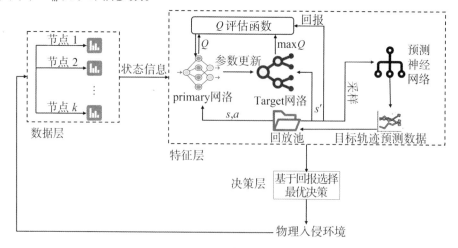

图 2-2　动态资源调度算法执行流程

决策层则负责制定合适的协同感知和追踪策略，利用 DQN 算法评估该策略所获得的回报。具体而言，在决策层，当前的状态信息输入到 Primary 网络进行训练，Target 网络则输出目标感知和追踪策略。该网络使用回报函数来评估当前的行为，该回报函数的累积回报期望见式(2-15)。

$$P2: \quad R(s) = \frac{1}{T}E\left\{ \sum_{t=0}^{T} \gamma' r[s(t), a(t)] \mid s(0) = 0 \right\} \qquad (2\text{-}15)$$

其中，γ 表示折扣因子，其回报迭代过程见式(2-16)。

$$R^*(s) = \min_{a \in A}\left\{ c(s, a) + \gamma \sum_{s' \in S} P[s' \mid (s, a)] R^*(s') \right\} \qquad (2\text{-}16)$$

其中，$c(s, a)$ 是状态 s 和行为 a 下的奖赏，协同感知和追踪策略的计算见式(2-17)。

$$\pi^*(s) = \arg \min_{a \in A} R^*(s) \qquad (2\text{-}17)$$

然而，在感知和追踪的过程中，由于 WSN 节点无法保障在任意时刻都能观测到目标，因此很难保证 $P2$ 在任意时刻都是可导的，在这种情况下，使用一种近似的方法可代替 $P2$，见式(2-18)。

$$Q(s, a) = c(s, a) + \gamma \min_{a' \in A} R(s') \qquad (2\text{-}18)$$

对应的迭代过程为

$$Q(s, a) = (1 - \eta)Q(s, a) + \eta[c(s, a) + \gamma \min_{a \in A} Q(s, a)]$$

其中，η 是学习速率，学习速率代表了神经网络中随时间推移，回报累积的速度。

本书设置了不同的学习速率，来验证该算法的可行性。

在部署 M 个 WSN 节点的情况下，本小节对该算法的计算复杂度进行了分析。考虑训练过程，随机采样单个协同感知和追踪行为的时间复杂度为 $O(1)$。Primary 网络的训练时间复杂度为 $O[k(\theta)]$，其中，$k(\theta)$ 表示隐含层 θ 的数量函数。DQN 算法的复杂度为 $O(WT \mid M \mid)$。因此，总的时间复杂度为 $O[k(\theta)WT \mid M \mid]$。尽管增加了预测神经网络来提高预测精度，但相比 DQN 算法来说，并没有明显增加系统的计算复杂度。算法 2-1 给出了具体的执行流程。

算法 2-1　动态资源调度算法

Input：$Q(\theta)$，迭代次数 K，折扣因子 γ，梯度下降速率 η，转换矩阵，评估
矩阵，count $=0$，episodes $=1\,000$

Output：最优的追踪决策

Definition：$\gamma=0.99$

1　初始化权重 θ，行为函数 Q

2　for $t\in T$ do

3　　for $i\in\mathcal{M}$ do

4　　　基于式(2-8)获取目标轨迹预测结果

5　　　使用式(2-1)获取协同感知决策

6　　end

7　end

8　while count $\leqslant$ round do

9　　训练数据层中获取到的数据，更新网络参数和权重

10　　count $++$

11　end

12　将数据存储到回放池中

13　for do

14　　for $t\in T$ do

15　　　随机选择行为 a 和对应的状态，计算和存储对应的回报 r

16　　　使用式(2-18)计算梯度函数，并计算权重 θ 的梯度

17　　　更新 $Q(s,a)\leftarrow R(s,a)+\gamma\max_{a}Q(s,a)$

18　　end

19　end

2.4 仿真验证与评估

本章通过多维度的指标分析和验证，评估了该算法在协同感知和追踪上的表现。

2.4.1 仿真设计

在仿真过程中，本节使用 Python 编程语言和 TensorFlow 框架，根据公路口岸规模的特征，构建了一个边长为 200 m 的方形监测区域，用于追踪低速移动目标，并评估系统的感知和追踪能耗、预测精度、系统感知和追踪时延、系统感知和追踪误差。其中，感知和追踪误差定义为 WSN 节点在当前时刻与目标之间的物理距离。追踪场景的构建如图 2-3 所示。在监测区域内，随机部署了 50 个静态节点(灰色实心圆)和 6 个移动节点(黑色实心圆)。

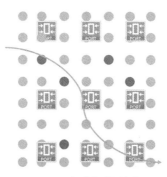

图 2-3 追踪场景的构建

移动节点按照特定路径移动，以监测牧区内的可疑目标，并激活周围的静态传感器节点。目标位置的预测误差和目标激活数量的比较如图 2-4 所示。每个静态节点的可消耗能量设定为 40 J。移动节点的初始位置和速度区间分别为(0 m，150 m)和(0 m/s，1 m/s)，目标的运动轨迹随机生成(图

2-3 中的实线）。基于仿真获取到的数据，本节采用离线训练的方式来获取合适的训练模型，用于服务该小规模的追踪场景。表 2-2 中总结了第二章重要的仿真参数[89]。

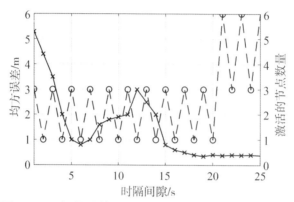

图 2-4　目标位置的预测误差和目标激活数量的比较

表 2-2　第二章重要的仿真参数

参数描述	数值
监测区域范围	200 m × 200 m
静态节点的数量	50
动态节点的数量	6
节点最大移动速度	1 m/s
每一个 WSN 节点可用的能量	40 J
单个 WSN 节点睡眠状态时的单位能耗	0.1 J
单个 WSN 节点空闲状态时的单位能耗	0.2 J
单个 WSN 节点检测状态时的单位能耗	0.6 J
单个 WSN 节点工作状态时的单位能耗	1.5 J
折扣因子 γ	0.9

本节采用了以下几种现有算法与本算法进行了比较。

（1）非协同追踪算法：该算法基于深度强化学习框架和预测神经网络来获取追踪的决策。

（2）深度 Q 学习算法[90]：该算法仅使用了深度强化学习框架来获取追

踪的决策。

（3）贪婪算法：该算法在深度强化学习的框架下，基于节点能量，选择最优的传感器节点，执行感知和追踪任务。

（4）随机选择算法：该算法在深度强化学习的框架下，基于概率值随机选择 WSN 节点，执行感知和追踪任务。

本节的评估指标包括感知和追踪能耗、感知和追踪误差，以及感知和追踪时延。

（1）感知和追踪能耗。该指标用于评估目标感知和追踪过程中的能耗变化趋势，反映该策略在可持续感知和追踪上的性能。

（2）感知和追踪误差。该指标用于获取 WSN 节点在感知和追踪过程中与目标间的物理距离，评估该距离是否在合理的区间范围内。

（3）感知和追踪时延。该指标用于评估 MTT-WSN 系统输出协同感知和追踪决策的时间。

2.4.2 结果评估

本节建立了均方误差模型来评估目标轨迹预测误差，其定义为

$$MSE(t) \triangleq \frac{1}{N} \sum_{i=1}^{N} [x_i(t) - x_t(t)]^2 + [y_i(t) - y_t(t)]^2$$

从图 2-4 的结果可以看出，均方误差逐渐趋向于稳定。当 $t=13$ 时，被激活的 WSN 节点数量开始增加，相应的预测精度也有明显的提高。当预测精度稳定在一定的范围内时，被激活的节点数量开始发生振荡。这是因为当预测神经网络过度拟合时，导致节点数量的振荡。总的来说，被激活节点的数量在一个相对稳定的范围内波动；同时，可以看出，预测精度与被激活节点数量之间存在明显的正相关关系。

2.4.2.1 感知和追踪能耗分析

图 2-5 为实测数据和预测数据量为 2:1 时，系统感知和追踪能耗的学习表现。可以看出，系统能耗稳步下降，并在一定的迭代次数后趋于稳定。然而，当数据比例为 3:1 时，如图 2-6 所示，预测精度的收敛速度明显慢于

数据比例为 2:1 的情况。达到收敛的学习迭代次数与图 2-5 基本相同，但系统能耗有所上升。总体而言，本章提出的方案在不同实测数据和预测数据量比例下均能实现稳定的收敛，借助于移动 WSN 节点和边缘服务器计算资源协同的方式，有效提升了移动 WSN 的路径规划的准确性以及轨迹预测的精度，从而降低感知追踪的误差和系统能耗。

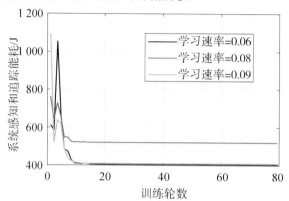

图 2-5　实测数据和预测数据量为 2:1 时，系统感知和追踪能耗的学习表现

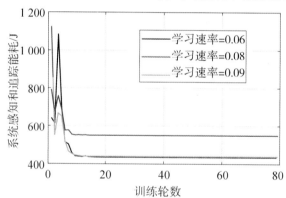

图 2-6　实测数据和预测数据量为 3:1 时，系统感知和追踪能耗的学习表现

图 2-7 展示了不同追踪策略下的能量消耗情况。随着迭代次数的增加，所有追踪策略都朝着降低能耗的趋势逐渐收敛。本章算法依靠边缘服务器计算资源的支撑，能够帮助移动 WSN 节点规划更合适的感知和追踪路径。此外，移动 WSN 节点在移动过程中，也会激活周围合适数量的静态 WSN 节点，因此，该算法表现了最低的感知和追踪能耗。反观随机方案，由于该方案未考虑移动 WSN 节点和静态 WSN 节点之间的相对位置关系，随机规划感知和追踪路径，故表现出了最高的系统能耗，相较于其他算法，本

章提出的算法能够分别降低 14.5%、31.6%、42.8% 和 47.4% 的系统能耗。这表明了该算法在能耗节约方面具有显著的优势。

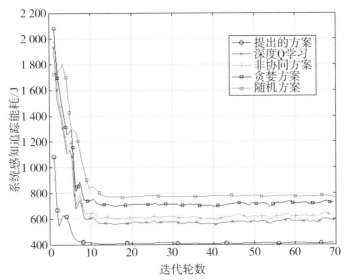

图 2-7　不同追踪策略下的能量消耗情况

2.4.2.2　感知和追踪误差分析

　　本小节进一步探讨了在不同实测数据和预测数据量比例下的感知和追踪误差的学习表现。当数据比例为 2∶1 时，如图 2-8 所示，预测误差在训练的早期阶段就呈现明显的降低趋势，并且追踪误差逐渐趋于稳定。然而，当数据比例为 3∶1 时，如图 2-9 所示，系统感知和追踪的误差会高于比例为 2∶1 时的情况。此外，图 2-10 比较了不同追踪机制下的感知和追踪误差。本章提出的算法通过充分整合边缘服务器和移动节点的计算资源，能够精确获取物理追踪场景的目标移动轨迹，从而学习到最优的协同感知和追踪调度策略，提高轨迹预测的精度。与之相反，贪婪机制总是选择具有较高能量的 WSN 节点，但由于高能量的 WSN 节点位于不同的地理位置，其收集到的目标信息量存在较大的差异，很难保证协同预测的精度。在非协同机制中，移动节点需要将所有目标的感知数据传输给边缘服务器，造成了较高的系统传输时延，极易下发过时的感知和追踪决策。相反，本章提出的算法能够实现对追踪误差和系统能耗的联合优化。相对于其他算法，该算法分别降低了 11.5%、21.6%、22.8% 和 44.5% 的感知和追踪误差。

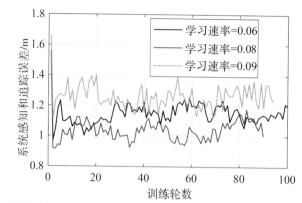

图 2-8　实测数据和预测数据量为 2∶1 时，目标感知和追踪误差的学习表现

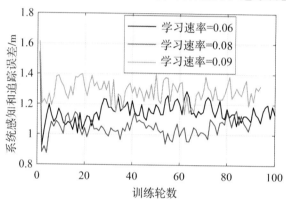

图 2-9　实测数据和预测数据量为 3∶1 时，目标感知和追踪误差的学习表现

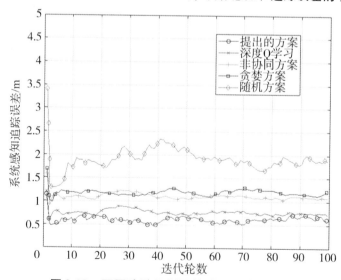

图 2-10　不同追踪机制下的感知和追踪误差

　　图 2-11 是感知和追踪误差随着迭代次数的变化。研究结果表明，所有算法都在一定程度上成功降低了系统的预测误差。特别地，本章提出的算法在迭代过程中表现出对更优梯度方向的持续探索，这一特性确保了其快速的学习收敛能力。在与基于信任度的分布式感知和追踪算法[43]进行比较时，该算法在降低预测误差方面的表现尤为突出，能够降低高达 22.5% 的预测误差。这得益于本算法在迭代过程中，能够有效探索合适的最优解。这不仅加速了学习过程，也提高了预测的精确性。

　　本节通过对误差和能耗的分析，得出以下结论。首先，预测误差范围能够被限制在 [0.8, 1.2]，在实际的小规模边境检测和追踪场景中，这是可以接受的误差范围。随着学习迭代次数的增加，系统能耗和预测精度都能够实现稳定的收敛，这表明该算法能够确保持续的感知和追踪。其次，在不同的实测数据和预测数据量比例下，该算法的收敛速度存在轻微的差异。这是因为不同的学习速率会导致智能体朝着不同的梯度下降方向探索，从而影响学习的收敛速度和结果。尽管存在这些差异，但该算法在各种数据比例下都能够实现良好的收敛性能。最后，该算法有效地结合了预测神经网络和深度强化学习算法，在不同学习速率下都能够实现快速的学习收敛。这表明该算法在 MTT-WSN 系统中具有潜在的应用前景。

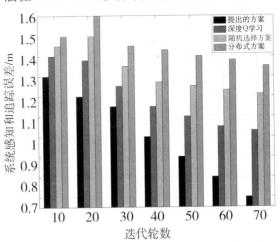

图 2-11　感知和追踪误差随着迭代次数的变化

2.4.2.3 感知和追踪时延分析

图 2-12 为系统感知和追踪时延的比较。研究结果表明，随着迭代次数的增加，本章所提出的算法在降低系统的感知和追踪时延方面表现出显著的优势。相较于其他算法，该算法通过端边协同计算模式，可以提供充足的计算资源，从而保障了对移动轨迹的实时预测。在迭代次数小于 20 时，该算法的性能相对其他对比算法要差，这是因为 WSN 节点在前期仅收集到了部分目标信息，该算法很难从有限的目标信息中学习低时延的感知和追踪决策。随着迭代次数的增加，WSN 节点收集到的目标信息逐渐增加，相比于其他算法，该算法在收敛阶段能够实现最低的感知和追踪时延。在性能比较中，本算法与非协同机制、贪婪机制以及随机选择机制相比，分别降低了大约5%、10%和13%的系统时延。这一结果不仅证明了所提算法的高效性，也凸显了端边协同计算模式在系统时延优化方面具有明显的潜力。

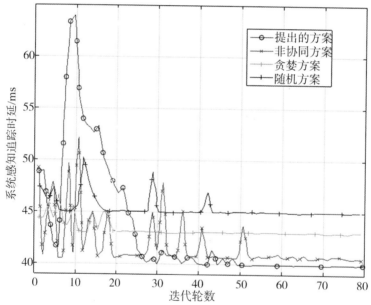

图 2-12 系统感知和追踪时延的比较

2.5 本章小结

本章提出了一种混合式无线传感器网络智能感知资源调度策略，其目的是优化无线传感网络节点的协同感知与追踪表现，以提升目标感知的精度和范围。该策略通过有效整合移动节点和边缘服务器的计算资源，实现了对目标的精准协同轨迹预测。为了深入优化节点调度策略，本章提出了一种动态资源调度算法，旨在找到最优的感知和追踪调度方案。仿真实验结果表明，与非协同机制、贪婪机制和随机选择机制相比，该算法能够分别降低约5%、10%和13%的感知和追踪误差，显著提升了目标感知和追踪的精度，证明了该算法能够为能量受限的 MTT-WSN 系统提供精确的目标感知和追踪服务。

然而，对于中规模的边境检测和追踪场景（如铁路边境口岸场景），由于物理环境的复杂性和基础设施搭建的局限性，如何有效利用有限的计算资源，协同追踪快速移动目标是一个亟待解决的问题。第三章将专注于计算资源优化，使得系统可以更快地响应追踪环境的变化，进一步提高目标追踪的实时性和高成功追踪率。

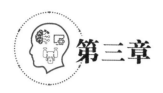

第三章

分布式无人机群智能协同计算管理机制

中规模追踪场景的复杂性和目标高速移动性使得 MTT-WSN 无法保障实时的协同追踪。无人机有潜力完成精确和实时的追踪任务，然而，单个无人机的计算资源受限，无法精确预测高速移动目标轨迹。针对高速移动目标带来的计算开销较大的问题，本书提出了一种分布式无人机群智能协同计算管理机制，主要内容包括协同计算和系统追踪模型建立、协同计算和追踪算法的设计和算法评估。

3.1 引言

中规模铁路口岸追踪场景的复杂性使其很难设计基于云计算或边缘计算的架构[91-93]。并且，追踪高速移动目标对计算资源的依赖尤为重要。在这种情况下，采用一种分布式的无人机协同计算管理模式可有助于消除对基础设施的依赖，并提升计算资源利用率。Park 等人在 2019 年提出了一种基于分布式协同追踪算法[94]。该算法通过分布式交替迭代的方式减少学习的时间，获取合适的追踪路径规划决策。然而，该算法无法保证较好的收敛结果，难以保障高成功追踪率。

本章通过提升计算资源利用率来提高轨迹预测的精度和实时性，以高成功追踪率和低时延为目标，提出了一种分布式动态无人机群协同计算管理机制。该机制通过无人机的感知资源，获取邻近无人机的物理飞行距离、剩余能量和位置信息，精选合适的无人机执行协同的多目标轨迹预测。这种资源整合策略有效降低了轨迹预测的时延。为提升预测精度，该机制结合了第二章采用的扩展卡尔曼滤波算法和粒子群算法的优势，以加速轨迹预测过程，确保目标追踪的实时性。此外，为了实现较好的学习收敛结果，本书还提出了一种基于无人机群的智能协同追踪算法，该算法能够根据邻近无人机的追踪决策，提升学习效率，并优化自身的追踪路径，提高协同追踪的成功率。

3.2 分布式无人机群协同计算和追踪系统模型

图 3-1 展示了分布式无人机群协同计算和追踪系统模型。在此系统模型中，假设存在 K 个移动目标，这些目标的索引集合定义为 $\mathcal{K} = \{1, 2, \cdots, K\}$。$M$ 个无人机检测和追踪这些目标，无人机的索引集合表示为 $\mathcal{M} = \{1, 2, \cdots, M\}$。这些无人机配备了摄像头、超声波等传感器，用以捕捉具有多样化移动轨迹的目标。为了支持无人机有效处理这些异构的感知数据，本节建立了基于队列的协同计算模型。此外，为了优化能量消耗，本节提出了一种能量消耗优化模型，这一模型考虑了无人机飞行路径的优化和任务执行时间的优化。

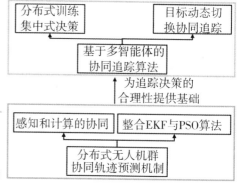

中小规模
铁路口岸

🚁 追踪节点　◀－▶ 通信链路　🚶🚁 移动目标

图 3-1　分布式无人机群协同计算和追踪系统模型

3.2.1　基于排队论的协同计算

本节使用 $Q_i(t)$ 表示无人机 i 在时刻 t 时的计算任务量，其中，$t \in \{1, 2, \cdots, T\}$。此过程包含以下三部分。

(1) 无人机 i 使用机载传感器在当前时刻获取到的感知数据量 $S_i^k(t)$。

(2) 为了协同计算，无人机 j 传输给无人机 i 的数据量 $y_{i,j}^k(t)$。

(3) $t-1$ 时刻的剩余数据量 $Q_i^k(t-1) - y_i^k(t-1)$，其中，$y_i^k(t-1)$ 表示无人机 i 在 $t-1$ 时刻计算的任务量。

基于无人机群的协同计算模型如图 3-2 所示，在该协同计算模型中，$S_i^k(t)$ 表示无人机 i 在时刻 t 感知到的目标 k 的数据量，这些数据由超声波等传感器收集的文本数据和摄像头捕获的图像数据组成。文本数据用于预测目标的移动轨迹，而图像数据则用于识别非法移动目标。无人机 i 处理的数据为 $x_i^k(t)$，无人机 j 则协助无人机 i 处理数据 $y_{i,j}^k$。无人机 j 仅将计算结果传输给无人机 i。为了有效地完成数据处理任务，引入了指示符 $a_{i,j}$ 来表示无人机 i 是否将数据卸载给无人机 j 以实现协同计算。在这里，$a_{i,j}=1$ 表示无人机 i 将一部分数据卸载给无人机 j 进行处理；若 $a_{i,j}=0$，则表示没有进行数据卸载。

无人机 i 获取到目标 k 的感知数据之后，队列的容量更新见式(3-1)。

$$Q_i^k(t+1) = \left[Q_i^k(t) - \sum_{j=1}^{M} \alpha_{i,j} y_{i,j}^k(t) \right]^+ + S_i^k(t) \tag{3-1}$$

其中，$[x]^+ \triangleq \max\{0, x\}$。

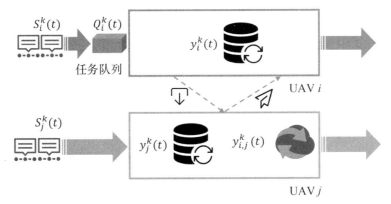

图 3-2　基于无人机群的协同计算模型

3.2.2　数据传输和系统能耗模型

本小节建立了一种数据传输模型，来分析无人机之间的数据交换。无人机 i 和无人机 j 之间的数据传输速率模型见式(3-2)。

$$r_{i,j} = \sum_{l}^{L} B_{i,j}(l) \log_2 \left[1 + \frac{P_i(l) g_i(l)}{\sigma^2} \right] \tag{3-2}$$

其中，L 是子载波的数量；$B_{i,j}(l)$ 是无人机 i 和无人机 j 之间的子载波 l 的带宽；$P_i(l)$ 和 $g_i(l)$ 分别是子载波 l 的传输功率和功率增益；$g_i(l) \sim f(x \mid v, \delta)$ 是标准的莱斯分布公式，其中，$v=0$；$\delta=0.5$，$\sigma \sim N(0, \delta^2)$ 是零均值的高斯随机变量；δ 是标准差。

为了量化无人机群在多目标追踪(MTT)过程中的能量消耗，本节详细构建了能量消耗模型。该模型综合考虑了数据处理能耗(计算能耗)、通信能耗以及飞行能耗这三个关键部分。每个部分的模型都旨在精确描述和量化无人机在执行 MTT 任务时的能量使用情况。特别地，计算模型被设计用来优化 MTT 系统在任意给定时刻内的计算能耗。在时刻 t，每个无人机 i 执行的本地计算任务量为 y_i bit。计算模型见式(3-3)。

$$y_i = \sum_{k=1}^{K} y_i^k(t) \tag{3-3}$$

本节使用 b_i 来表示每计算 1 bit 所需的 CPU 转动轮数。在这种情况下，处理 y_i bit 数据需要 CPU 转动 $b_i y_i$ 轮。基于动态电压和频率缩放（dynamic voltage and frequency scaling，DVFS）技术[95]，无人机 i 在第 w 轮时，调整其 CPU 的工作频率 $f_{i,w}$ 来控制能量消耗。在此模型中，$f_{i,w}$ 的取值范围为（0，$f_{i,w}^{\max}$），其中，$f_{i,w}^{\max}$ 代表无人机 i 的 CPU 可以达到的最大运行频率。文献[96]表明，功率消耗正比于频率的三次方，无人机 i 的本地能量消耗模型见式（3-4）。

$$E_i(t) = \sum_{w=1}^{b_i y_i} \kappa f_{i,w}^2 \tag{3-4}$$

其中，κ_i 是电容参数。在该协同计算模式下，无人机 j 的 CPU 旋转轮数可计算为 $\sum_{w=1}^{b y_j^c} \dfrac{1}{f_{j,w}}$。其中，$y_j^c$ 是无人机 j 从接收到的其他无人机传输的任务信息。$y_j^c = \sum_{i=1, i \neq j} y_{i,j}(t)$。相关的能量消耗见式（3-5）。

$$E_j^c(t) = \sum_{w=1}^{b y_j^c} \kappa f_{j,w}^2 \tag{3-5}$$

对于每个时刻 t，无人机 i 能够向其邻近的无人机传输数据量 $y_i^c(t)$。此外，无人机 i 的传输功率 p_i 与其固定的线圈功率 p_i^c 之和被定义为总传输功率。基于这样的设置，无人机 i 的传输能耗模型见式（3-6）。

$$E_i^r(t) = (p_i + p_i^c) \frac{y_i^c(t)}{r_{i,j}} + E_i^b \tag{3-6}$$

值得注意的是，无人机之间在传输计算结果时，仅产生较小的传输能耗，可以使用一个固定数值 E_i^b 来表示该能耗。

在考虑无人机在多目标追踪任务中的能量消耗时，除了计算和通信带来的能耗外，飞行能耗同样是一个不容忽视的重要因素。无人机的飞行能耗与其飞行路径密切相关，同时也受到追踪目标移动速度的制约。通过选择最佳追踪目标，可以有效缩短无人机的飞行路径，从而降低飞行能耗。已有研究表明，无人机的飞行能耗主要与飞行速度相关，并且远大于无人机的悬停能耗[97]。因此，本小节忽略了无人机悬停和航向角变化所产生的能耗。在这种前提下，无人机 i 在单位路径上的能耗模型见式(3-7)。

$$E_i^f(t) = \phi(v_{i,t}) \tag{3-7}$$

其中，$\phi(x)$ 是随机移动的映射函数[97]。

3.3 协同计算和追踪建模分析

目标的高动态性使得无人机频繁调整其感知姿态和追踪路径，为了保障无人机实时的协同计算和稳定的协同追踪，本书采用李雅普诺夫第二理论建立了协同计算和追踪模型。该理论基于漂移惩罚机制，能够促进无人机的协同计算过程，提升协同追踪的实时性。相比于其他理论，如 Bode 图频域分析理论[98]，该理论无须求解高复杂度的微分方程，保障了低时延的协同计算。基于该理论，本小节建立了一种整数规划模型来分析无人机群的协同计算和追踪表现。该模型旨在执行时延和通信速率的约束下，联合优化系统的能量消耗和目标轨迹预测的误差。

3.3.1 系统时延和安全飞行距离约束分析

本节引入了基于群体协同通信方法[99]的平均累积时延约束。这一约束考虑到了无人机在动态轨迹中的通信速率不稳定性，并旨在保障通信过程中的低时延。具体而言，考虑到无人机间通信速率的波动，无人机需要利用其计算资源预先处理一部分感知数据。随后，无人机将处理后的数据结果和剩余的任务量传输给邻近节点，减少传输过程中的任务量。通过这种策略，无人机能够有效降低传输过程中的任务负载，从而保证信息交换的低时延性，其传输时延约束见式(3-8)。

$$\lim_{T \to \infty} \frac{1}{T} \sum_{t=0}^{T} \left\{ \frac{\sum_{i=1}^{M} \sum_{w=1}^{b y_i^c} \frac{1}{f_{i,w}}}{\left[\sum_{i=1}^{M} \eta_i^k \right]^*} + \frac{\sum_{j=1}^{M} \left(\sum_{w=1}^{b y_i^c} \frac{1}{f_{j,w}} \right)}{\left[\sum_{j=1}^{M} \alpha_{i,j} \right]^*} + \frac{\sum_{j=1}^{M} \frac{\sum_{k=1}^{K} y_i^c(t)}{r_{i,j}}}{\left[\sum_{i=1}^{M} \alpha_{i,j} \right]^*} \right\} \leq T_k$$

(3-8)

其中，$[y]^* \triangleq \max\{1, y\}$；$T_k$ 是对于目标 k 来说的最大容忍时延；$\eta_{i,k}$ 是一个指示符，其中，$\eta_{i,k} = 1$ 表示 UAV$_i$ 能够感知到目标 k，否则 $\eta_{i,k} = 0$。

为了避免无人机在追踪过程中发生物理碰撞，本小节考虑了无人机之间的安全飞行距离，$d_{i,j}(t)$ 表示在时刻 t 时无人机 i 和无人机 j 之间的物理距离，其约束见式(3-9)。

$$d_{i,j}(t) \geq \varpi_{\min}$$

(3-9)

其中，$t \in T$，并且 $i, j \in \mathcal{M}$。

3.3.2 系统能耗约束分析

在多目标追踪无人机(MTT-UAVs)的应用场景中，确保无人机能够持续有效地执行追踪任务始终是一个挑战。这主要是因为无人机在追踪和频繁通信的过程中会产生大量的能量消耗。基于这一实际情况，设 $v_i(t)$（以 J 为单位）表示无人机 i 在时刻 t 的能量，该能量用于支撑无人机的计算、飞行以及通信开销。为了有效管理无人机的能耗，本小节定义了一种平均累积能耗 Y_i（以 J 为单位）来限制无人机 i 的总能耗。这种定义有助于确保无人机在执行 MTT 任务时的能量效率和持续性。相应的能耗约束见式(3-10)。

$$\lim_{T \to \infty} \frac{1}{T} \sum_{t=0}^{T} \left\{ E_i(t) + E_i^f(t) + \frac{\sum_{j=1}^{M} \left[E_{i,j}^c(t) + E_{i,j}^v(t) \right]}{\left[\sum_{j=1}^{M} \alpha_{i,j} \right]^*} \right\} \leq \lim_{T \to \infty} \frac{1}{T} \sum_{t=0}^{T} v_i(t) = Y_i$$

(3-10)

可以看出，无人机的能耗变化和周围邻近无人机的数量是相关的，周围邻近无人机的数量不可能无限制地增加。在这种情况下，当无人机的计算资源不充足时，需要探索资源可用的邻近无人机来提供计算资源的支撑。

3.3.3 轨迹预测约束分析

为了精准预测移动目标的轨迹，本小节采用了有效的 EKF 预测算法，其基本原理是基于 Taylor 级数，将非线性移动轨迹近似为线性移动轨迹。在预测阶段，无人机 i 在时刻 $t+1$ 时的坐标可以表示为 $x_{t+1|t} = \boldsymbol{F}x_t + \boldsymbol{\omega}_t$，其中，$\boldsymbol{F}$ 表示转换矩阵；$\boldsymbol{\omega}_t$ 是标准高斯白噪声矩阵。预测评估公式可以定义为 $\boldsymbol{P}_{t+1|t} = \boldsymbol{F}\boldsymbol{P}_t\boldsymbol{F}^T$。在更新阶段，定义一种具有凸函数性质的协方差 $S_{t+1} = \boldsymbol{H}_{t+1}\boldsymbol{P}_{t+1|t}\boldsymbol{H}_{t+1}^T$。基于该协方差函数，本小节能够获取卡尔曼增益 $K_{t+1} = \boldsymbol{P}_{t+1|t}\boldsymbol{H}_{t+1}^T S_{t+1}^{-1}$，其中，$\boldsymbol{H}$ 是评估矩阵。基于此，无人机 i 能够计算目标在下一时刻的移动坐标 $x_{t+1} = x_{t+1|t} + K_{t+1}\tilde{y}$，其中，$\tilde{y}$ 是评估残差，即预测值和评估值的差值。无人机 i 的预测误差可以表示为 $\alpha_i^k(t+1) = (x_{t+1} - x_{t+1|t})$，其累积平均误差期望见式(3-11)。

$$\lim_{T \to \infty} \frac{1}{T} \sum_{t=0}^{T} \left[\sum_{i=1}^{M} \alpha_i^k(t+1) \right] \leq \Lambda_k \tag{3-11}$$

其中，Λ_k 是最大容忍误差。

3.3.4 优化模型建立

本小节采用了一种漂移惩罚(lyapunov drift-plus-penalty，LDPP)框架，以建立一个综合性的优化目标，旨在联合优化系统的能耗、预测精度以及避免物理碰撞。基于该框架，本小节通过引入一个虚拟队列来权衡能量消耗和执行时延。该虚拟队列能够促进无人机执行队列中的任务。本小节使用 $A_k(t) = \sum_{i=1}^{M} \alpha_i^k(t)$ 和 $B_k(t)$ 分别表示式(3-11)和式(3-8)的左侧部分。该虚拟队列见式(3-12)和式(3-13)。

$$G_k(t+1) = G_k(t) + A_k(t) - \Lambda_k \tag{3-12}$$

$$H_k(t+1) = H_k(t) + B_k(t) - T_k \tag{3-13}$$

其中，$G_k(t)$ 和 $H_k(t)$ 是虚拟队列表示；$A_k(t)$ 和 $B_k(t)$ 是任务输入流；Λ_k

和 T_k 表示已经处理完的数据量。

基于此,李雅普诺夫模型见式(3-14)。

$$L(t) = \frac{1}{2}[L_1(t) + L_2(t)] \tag{3-14}$$

其中,

$$L_1(t) = \sum_{i=1}^{M}\sum_{k=1}^{K}\omega_k^2 Q_i^{k^2}(t) \tag{3-15}$$

$$L_2(t) = \sum_{k=1}^{K}\omega_k^2[G_k^2(t) + H_k^2(t)] \tag{3-16}$$

其中,$L(t)$ 是漂移函数,该函数用来评估所有队列的任务积压;$L_1(t)$ 和 $L_2(t)$ 分别是真实队列和虚拟队列的任务积压;ω_k 是目标 k 的权重值,$\omega_k \in [0, 1]$。

基于李雅普诺夫模型,MTT-UAVs 的优化模型见式(3-17)。

$$\mathbb{F}(t) = \Delta[\mathbb{L}(t)] + V\mathbb{E}\sum_{i=1}^{M}\left\{E_i(t) + E_i^f(t) + \sum_{j=1}^{M}[E_{i,j}(t) + E_i^r{}_{,j}(t)]\right\} \tag{3-17}$$

其中,$E_{i,j}(t)$ 是无人机 i 执行协同计算时产生的能耗;V 是权重值,用来折中预测精度、系统执行时延和系统能耗三者的比重,见式(3-18)。

$$\Delta[\mathbb{L}(t)] \triangleq \mathbb{E}[L(t+1) - L(t)] \tag{3-18}$$

因此,该目标函数建立见式(3-19)。

$$P1: \quad \min \mathbb{F}(t) \tag{3-19}$$

$$\text{s. t.} \begin{cases} C1: & r_{i,j} \leqslant r_{i,j,\max} \\ C2: & \sum_{j=1}^{M}\alpha_{i,j} = 1, \quad \forall t \in T \\ C3: & \alpha_{i,j}, \ \eta_i^k \in \{0, 1\} \\ C4: & d_{i,j}(t) \geqslant \varpi_{\min} \end{cases}$$

其中,$C1$ 是传输速率约束;$C2$ 和 $C3$ 是整数约束,确保每一个无人机在相同时刻仅接收一种协同计算任务;$C4$ 是飞行安全距离约束。

3.4 无人机群协同计算与追踪算法

针对多个快速移动的目标，本节首先设计了一种协同轨迹预测算法（图
3-3）。该算法旨在提高多目标预测的精度和实时性。基于此，本节还提出
了一种智能的无人机群体协同追踪算法。该算法不仅能够提升协同追踪的
实时性，还确保了飞行过程中的碰撞避免。

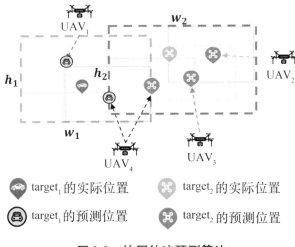

图 3-3　协同轨迹预测算法

3.4.1 多目标轨迹协同预测

基于上一节建立的目标预测精度约束模型，本小节提出了一种基于粒
子群优化（particle swarm optimization，PSO）的群体协同轨迹预测算法。首
先，无人机群能够运行 EKF 算法实时获取目标的位置坐标。基于对每一个
目标的位置分析，本小节设计了一个方形区域作为粒子的搜索空间。如图
3-3 所示，UAV_1 和 UAV_2 协同检测 $target_1$，与此同时，UAV_2、UAV_3 和
UAV_4 协同检测 $target_2$。所有参与预测的无人机使用 EKF 算法执行初始的预

测评估。然后，使用PSO算法通过启发式搜索的方式获取最终的预测结果。具体的执行过程如算法3-1所示。值得注意的是，单个无人机可以同时预测多个移动的目标（如UAV_2）。对于比较标准的PSO算法，本小节提出的机制通过限制粒子的探索区域，能够降低算法的迭代搜索时间。此外，在每一维搜索空间中，粒子能够选择对应的最优探索位置和移动速度。

具体来说，在初始化阶段，粒子随机地部署在搜索区域内。在探索的过程中，粒子i在维度d的位置和速度见式（3-20）和式（3-21）。

$$V_{i,d}(k+1) = rV_{i,d}(k) + q_1r_1[X_d^{gb} - X_{i,d}(k)] + q_2r_2[X_d^{pb} - X_{i,d}(k)]$$

$$(3-20)$$

$$X_{i,d}(k+1) = X_{i,d}(k) + V_{i,d}(k+1) \qquad (3-21)$$

其中，r是惯性参数；q_1和q_2是加速因子；r_1和r_2是归一化参数，r_1、$r_2 \in [0, 1]$；X^{gb}和X^{pb}分别是全局和局部优化指示符，通过适应度函数来更新。全局和局部的适应度函数见式（3-22）和式（3-23）。

$$X_d^{gb} = \arg \min_{X_d} g(X_{i,d}) = \sum_{j=1}^{M} \vartheta_j \|X_{i,d} - h_j\|_2 \qquad (3-22)$$

$$X_d^{pb} = \arg \min_{X_d} g'(X_{i,d}) = \sum_{j=1}^{M} \vartheta_j' \|X_{i,d} - h_j'\|_2 \qquad (3-23)$$

其中，ϑ_j，$\vartheta_j' \in \{0, 1\}$表示无人机$j$是否感知到目标；$h_j$和$h_j'$分别是全局预测值和局部预测值。在此情况下，算法3-1能够保障实时和精确的轨迹预测。

算法3-1   多目标协同轨迹预测
Input：粒子移动速度$V_i(k)$；惯性参数r；加速因子：q_1、q_2；随机参数：r_1、r_2；D维探索区域；种群大小N
Output：目标的预测位置
1   使用EKF算法初始化目标的预测位置坐标
2   for 每一个检测到的目标 do
3   使用$x_{t+1\mid t} = Fx_t + \boldsymbol{\omega}_t$预测目标的位置
4   使用$P_{t+1\mid t+1}$更新坐标
5   计算卡尔曼增益K_{t+1}和目标的位置
6   end

续表

算法 3-1	多目标协同轨迹预测

7　为粒子规划搜索区域

8　部署 N 粒子在该区域随机探索

9　初始化适应度函数 $g(X_{i,d})=0$，$X_b^{gb}=\infty$

10　for 每一个粒子 $i \in N$ do

11　　for 每一维 $d \in D$ do

12　　　计算适应度函数 $g(X_{i,d})$ 和 $g'(X_{i,d})$

13　　　$X_d^{gb} = \arg \min_{X_d} g(X_{i,d})$

14　　　$X_d^{pb} = \arg \min_{X_d} g'(X_{i,d})$

15　　end

16　end

17　while $k \leq k_{max}$ do

18　　for 每一个粒子 $i \in N$ do

19　　　for 每一维 $d \in D$ do

20　　　　使用式 $(3\text{-}20)$ 计算速度 $V_{i,d}(k+1)$

21　　　　基于搜索的空间范围，使用式 $(3\text{-}21)$ 更新粒子坐标

22　　　　计算适应度函数 $g(X_{i,d})$ 和 $g'(X_{i,d})$

23　　　end

24　　end

25　　$k \leftarrow k+1$

26　end

3.4.2　智能的无人机群协同追踪算法

在 3.3 节中，李雅普诺夫框架仅能够获得参数漂移和惩罚的上界[100]。为了获得最优的协同追踪策略，本小节提出了一种智能的无人机群协同追踪算法(图 3-4)。

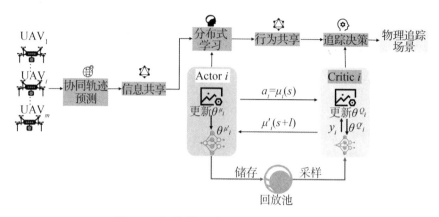

图 3-4　智能的无人机群协同追踪算法

本小节设计的算法基于 actor-critic 的框架，该框架包括一个 Target 网络和一个 Q 网络。无人机作为智能体在 actor-critic 网络中训练与环境交互到的数据。本小节将目标追踪过程量化为一个随机博弈（stochastic game，SG）问题，其由一个元胞数组组成：$\{S, \{A_i\}, \mathcal{T}, \{u_i\}\}$，其中，$S$ 是每个智能体的状态空间；$\{A_i\}$ 是智能体的行为空间；$\mathcal{T}$ 是状态转换函数；$\{u_i\}$ 是回报函数。状态空间可以表示为 $S = \{B_{i,j}, Q_j^k, E_i, \Lambda_k, T_k, \Gamma_k\}$，行为空间可以表示为 $A_i = \{x_i, v_i, g_i\}$，其中，x_i 表示无人机的当前位置，v_i 是移动速度，g_i 是航向角。确定性策略转换函数定义为 $\mathcal{T}: S \times A_i \rightarrow S$。由于单个智能体仅能够获取周围的局部物理信息，每一个智能体能够和邻居节点交互自身的信息，因此，智能体 i 的回报函数见式（3-24）。

$$r_i^t(s_t, a_t) = \frac{1}{u_i(t)} \sum_{j=1}^{u_i(t)} [\Delta E_j + \Delta L_j + \Delta I_j] \tag{3-24}$$

其中，$[\Delta *] \equiv E_j^{t-1} - E_j^t + L_j^{t-1} - L_j^t + I_j^{t-1} - I_j^t$，$L_j$ 和 I_j 分别表示执行时延和追踪误差。为了平衡每一个智能体在追踪过程中的能量消耗，本小节提出了一种能耗均衡机制来更新回报函数，见式（3-25）。

$$u_i^t(s_t, a_t) = r_i^t(s_t, a_t) - \frac{\alpha_i}{M-1} \sum_{j \neq i} \max[e_j^t(s_j, a_j) - e_i^t(s_i, a_i), 0]$$

$$- \frac{\beta_i}{M-1} \sum_{j \neq i} \max[e_i^t(s_i, a_i) - e_j^t(s_j, a_j), 0] \tag{3-25}$$

其中，$e_j^t(s_j, a_j) = \lambda e_j^{t-1}(s_j, a_j) + r_j^t(s_j, a_j)$。参数 α_i 和 β_i 通常分别设置为 5 和 0.05。

Q 网络训练的策略函数用来评估当前追踪决策的准确性。基于 Bellman 等式，策略函数的迭代优化过程见式(3-26)。

$$Q_i^*(s_t, a_t) = u_i(s_t, a_t) + \lambda \max_{\mu_{\theta,\theta^-}} Q_i^*[s_{t+1}, \mu_{\theta,\theta^-}(s_{t+1})] \qquad (3\text{-}26)$$

其中，λ 是一个折扣因子；μ_{θ,θ^-} 是策略网络的策略参数，即 $a_{t+1} = \mu_{\theta,\theta^-}(s_{t+1})$；$\theta^-$ 是其他智能体的辅助策略参数。

为了最大化追踪回报，回报期望见式(3-27)。

$$J_i(\mu_\theta) = \mathbb{E}_{s \sim \rho_{\mu_{\theta_i}}^{\mathcal{T}}} \{u_i[s, \mu_{\theta_i}(s)]\} \qquad (3\text{-}27)$$

其中，$\rho_{\mu_{\theta_i}}$ 是在策略 μ_θ 和转换函数 $\mathcal{T}$ 下的折扣状态分布；$\rho_{\mu_{\theta_i}} \triangleq \int_S \sum_{t=0}^{\infty} \lambda^{t-1} \psi[s_{t+1} = \mathcal{T}_{\mu_\theta}(s) \mid s] \mathrm{d}s$，$\psi(s)$ 是状态概率分布函数。基于此，所有智能体的回报函数见式(3-28)。

$$J(\mu_\theta) = \mathbb{E}_{s \sim \rho_{\mu_{\theta_i}}^{\mathcal{T}}} \{\sum_{i=1}^M u_i[s, \mu_{\theta,\theta^-}(s)]\} \qquad (3\text{-}28)$$

目标函数 $J(\theta)$ 的策略梯度推导见式(3-29)。

$$\nabla_\theta J(\theta) = \mathbb{E}_{s \sim \rho_{\mu_{\theta_i}}^{\mathcal{T}}} \{\sum_{i=1}^M \sum_{j=1}^M \nabla_\mu Q_i^{\mu_{\theta_i}}[s_j, \mu \mid_{\mu = \mu_{\theta,\theta^-}(s_j)}]$$
$$\cdot \nabla_\theta \mu[s_j, \mu_{\theta,\theta^-}(s_j)]\} \qquad (3\text{-}29)$$

在每一轮迭代中，Q 网络的参数 Q^θ 可以评估追踪的行为。本小节使用损失函数来优化该参数，见式(3-30)。

$$L_Q(\theta) = \mathbb{E}_{s \sim \rho_{\mu_{\theta_i}}^{\mathcal{T}}} \Big(\sum_{i=1}^M \{u_i[s_t, \mu_\theta(s_t)]\}$$
$$+ \lambda Q_i^{\theta'}[s_{t+1}, \mu_{\theta,\theta^-}(s_{t+1})] - Q_i^{\theta'}[s_t, \mu_{\theta,\theta^-}(s_t)] \Big) \qquad (3\text{-}30)$$

该损失函数的最优梯度探索过程推导见式(3-31)。

$$\nabla_{Q_\theta} L_Q(\theta) = \mathbb{E}_{s \sim \rho_{\mu_{\theta_i}}^{\mathcal{T}}} \Big[\sum_{i=1}^M \Big(\{u_i[s_t, \mu_\theta(s_t)]\} + \lambda Q_i^{\theta'}[s_{t+1}, \mu_{\theta,\theta^-}(s_{t+1})]$$
$$- Q_i^{\theta'}[s_t, \mu_{\theta,\theta^-}(s_t)] \Big) \cdot \nabla_d Q_{\theta_i} Q_i^{\theta'}[s_t, \mu_{\theta,\theta^-}(s_t)] \Big] \qquad (3\text{-}31)$$

本小节使用随机梯度下降(stochastic gradient descent，SGD)方法来获得回报的收敛。具体执行算法如算法 3-2 所示。

算法 3-2　无人机群协同追踪算法

　　Input：网络参数 Q_θ，μ_θ，$Q_{\theta'}$，$\mu_{\theta'}$；更新参数 γ；回放池缓存 F

　　Output：协同追踪策略

1　使用算法 3-1 预测目标轨迹

2　for 每一轮 do

3　┃　初始化高斯噪声

4　┃　设置初始策略 μ，接收初始观测

5　┃　for 每一时刻 t do

6　┃　┃　for 每个智能体 $i \in \mathcal{M}$ do

7　┃　┃　┃　$a_{i,t} = \mu_{\theta_i}(s_t) + GN_t$

8　┃　┃　┃　接收每个回报值 $R_{i,t}$

9　┃　┃　┃　将状态行为对存储在回放池 $\mathcal{F}$ 中

10　┃　┃　┃　从 $\mathcal{F}$ 采样 R

11　┃　┃　┃　for 每一个采样 R do

12　┃　┃　┃　┃　使用式（3-25）执行能耗均衡机制

13　┃　┃　┃　┃　使用式（3-29）计算 Q 值

14　┃　┃　┃　end

15　┃　┃　┃　计算损失函数的梯度：$\sum_{r=1}^{R} \nabla_{\mu_\theta} L(\theta)$

16　┃　┃　┃　计算回报函数的梯度 $\sum_{r=1}^{R} \nabla_{Q_\theta} J(\theta)$

17　┃　┃　┃　使用 SGD 更新网络参数

18　┃　┃　┃　更新剩余网络参数 $\mu_{\theta'}$，$Q_{\theta'}$

19　┃　┃　end

20　┃　end

21　end

　　无人机群能够通过自我驱动的学习，探索最优的追踪路径，协同追踪多个移动目标。此外，无人机群基于信息交换的方式交换当前的追踪策略，采用式（3-28）计算目标追踪回报，以探索最高的回报。比较现存的算法，无人机群能够明显地提升预测的精度。对于本节提出的算法，首先，协同预测算法的复杂度可以表示为 $O(k_{max}ND)$，其中，N 和 D 分别是粒子数量和维度。然后，该算法在每一次迭代时，追踪决策的时间复杂度为 $O(1)$。Primary 网络的计算复杂度可以表示为 $O[k(\theta)]$，其中，$k(\theta)$ 是关于隐含层 θ 的数量函数。整个算法的计算复杂度可以表示为 $O[k_{max}NDk(\theta)]$。该计算

复杂度在不高于传统的强化学习复杂度的基础上，提升了对目标轨迹预测的精度。

3.5 实验验证与分析

本节采用 TensorFlow 框架构建了目标追踪场景，部署三架无人机作为目标，在室外环境中按照预设的轨迹进行移动，以采集真实目标的运动数据。考虑无人机计算资源的限制，基于实测数据和仿真数据，本节采用离线训练的方式提前获取强化学习模型。表 3-1 给出了第三章主要的仿真实验参数[101]。

表 3-1　第三章主要的仿真实验参数

参数描述	数值
ϖ_{min}	3 m
目标的数量	3
无人机数量	8
无人机之间的传输带宽	[50 MHz，100 MHz]
无人机发射功率	33 dBm
无人机平均移动速度	72 km/h
目标的平均移动速度	64 km/h
单个无人机的最大数据传输量	100 MBytes
目标追踪系统时延	[0 s，3 s]

本节使用了几种代表性算法与本算法进行比较。

（1）匹配深度 Q 网络（matched deep Q-network，Matched DQN）[84]：该算法使用一种深度 Q 网络框架来执行 MTT 任务。

（2）分布式追踪算法（分布交替方案）[94]：该算法采用一种乘法器的分布交替方法来动态选择无人机，执行追踪策略。

（3）非协同追踪机制：比较本章提出的算法，该算法使用了 MA-DDPG（多智能体深度确定性策略梯度）机制来规划无人机群的追踪路径，然而该算法未考虑无人机之间状态和行为的共享。

（4）贪婪算法：该算法基于 MA-DDPG 框架，基于目标的移动轨迹，为无人机群探索最短的追踪路径。

（5）随机算法：该算法基于 MA-DDPG 框架，随机调度无人机去执行目标追踪。

为了验证该机制的有效性，本书评估了预测误差、学习回报、系统能耗和碰撞避免、系统执行时延和追踪成功率等指标。

（1）预测误差。本书采用该指标评估该机制与现有算法在预测精度上的表现。预测误差为该机制预测的目标位置与实际目标位置的物理距离。

（2）学习回报。本书采用该指标评估该机制在执行协同追踪决策时的合理性。学习回报的收敛值越高，意味着无人机执行的追踪决策越准确，为高成功率的协同追踪提供了保障。学习回报达到收敛值的速度越快，意味着无人机能够在短时间内获取合适的协同追踪决策，确保了低时延的协同追踪。

（3）系统能耗和碰撞避免。该指标用来评估无人机在碰撞避免的情况下，执行追踪任务时所消耗的能量，该能耗包含感知能耗、计算能耗、通信能耗、飞行能耗和悬停能耗。

（4）系统执行时延。该指标表示无人机从感知目标到制定追踪决策所消耗的时间，用来评估无人机群追踪高速移动目标的实时性。

（5）追踪成功率。该指标表示无人机群在整个追踪任务的执行周期内，所能观测到的目标数量与总目标数量的累积平均值。

3.5.1 目标移动轨迹的获取

本小节提供了 GPS 获取目标移动轨迹的过程。所有的目标飞机轨迹如图 3-5 所示。无人机使用 GPS 传感器获取并记录轨迹信息。图 3-6 为追踪场景的搭建，提供了数据采集的真实环境场景。在图 3-7 中，本节使用参数转换方法将 GPS 数据转换为笛卡儿坐标系数据[102]。

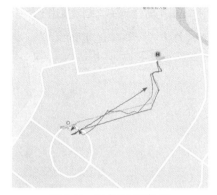

图 3-5 目标飞行轨迹

图 3-6 追踪场景的搭建

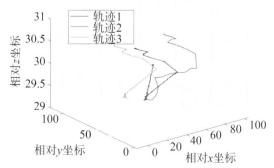

图 3-7 笛卡儿坐标系下的三维目标运动轨迹

3.5.2 结果分析

3.5.2.1 预测误差和学习回报分析

本节首先提供了多目标轨迹预测精度的分析。图 3-8 为预测轨迹与实际目标运动轨迹间的比较，分别表示了目标 1 的真实移动轨迹、本算法预测的目标移动轨迹和 EKF 算法预测的目标移动轨迹。可以看出，通过集成扩展卡尔曼滤波低复杂度和粒子群算法强探索能力的优势，与传统的扩展卡尔曼滤波算法相比，本算法预测的目标轨迹与真实的目标轨迹几乎重合。并且在目标移动方向发生明显变化时，本算法依然能够准确预测其移动轨迹。这意味着该算法能够精确预测轨迹多变的目标，显示了较高的鲁棒性。$q_1 = 0.6$，$q_2 = 0.4$ 时，本章算法与 EKF 算法的预测误差比较如图 3-9 所示。$q_1 = 0.4$，$q_2 = 0.6$ 时，本章算法与 EKF 算法的预测误差比较如图 3-10 所示。随着迭代次数的增加，该算法能够以轻微振荡的方式实现收敛。轻微振荡的原因在于智能体在探索的过程中，可能会选择不合适的梯度方向。相比于 EKF 算法，该算法能够在不同的学习速率指标下，提升轨迹预测精度。

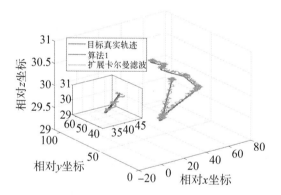

图 3-8　预测轨迹与实际目标运动轨迹间的比较

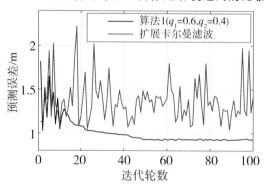

图 3-9　$q_1 = 0.6$，$q_2 = 0.4$ 时，本章算法与 EKF 算法的预测误差比较

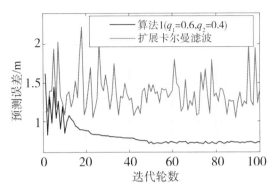

图 3-10 $q_1 = 0.4$，$q_2 = 0.6$ 时，本章算法与 EKF 算法的预测误差比较

图 3-11 为无人机群预测误差的比较。不同的参数迭代，导致了不同的预测精度结果。其中，当 $q_1 = q_2$ 时，预测精度达到最高。这两个参数可以指导粒子按照不同的探索方向优化预测的结果。当粒子探索到最优位置时，该算法在理论上能完全消除预测误差。然而，由于粒子不确定的探索方向，与最优预测误差的差距是存在的。从数值角度分析，相比于 EKF 算法，该算法能够提升大约 60% 的预测精度，此外，该算法也能够精准预测轨迹多变的移动目标。

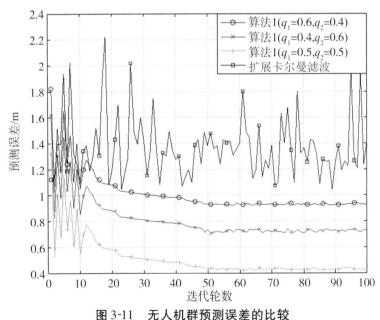

图 3-11 无人机群预测误差的比较

图 3-12 给出了无人机群的学习收敛结果。随着迭代轮数的增加，所有

无人机能够收敛到相对稳定的状态。这意味着该算法能够在训练的过程中，探索到合适的梯度下降方向，从而获取可行的协同追踪决策。此外，本章提出的能耗均衡机制能够保证所有的无人机几乎达到相同的收敛状态。这表明该机制能够有效平衡无人机之间的追踪能耗，保障低能耗的协同追踪。

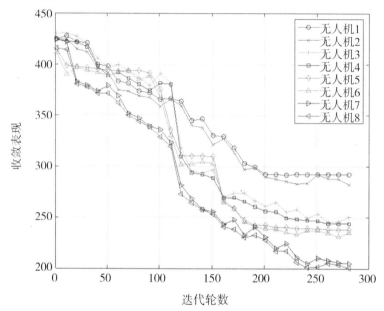

图 3-12　无人机群的学习收敛结果

3.5.2.2　系统能耗和碰撞避免分析

图 3-13 比较了在不同算法下无人机群能量消耗的累积平均。可以看出，该算法在迭代开始阶段，其能耗下降趋势是不明显的。随着迭代轮数的增加，本算法相比较其他所有算法，实现了最低的系统能量消耗。从仿真结果分析，本算法比较其他四种算法(匹配深度 Q 网络、非协同机制、贪婪算法和随机算法)，同比降低 19.2%、22.8%、28.9% 和 32.5% 的协同能量消耗。该结果表明本算法能够大幅节约系统能耗，以保证长期的目标追踪表现。

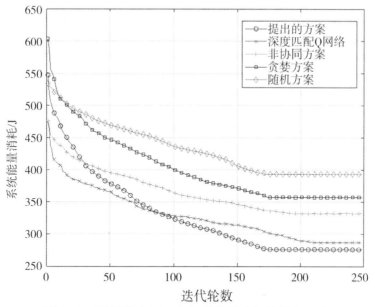

图 3-13　不同算法下无人机群能量消耗的累积平均

为了进一步验证本算法在能耗方面的优势，图 3-14 展示了本算法与现有的分布式追踪算法(分布交替方案)在累积平均能耗上的比较。整体来看，所有的算法都能够随着迭代轮数的增加，降低系统的能量消耗。然而，本算法能够最大限度地通过轨迹预测的辅助，来明显提升能耗节约的性能。本算法比较现有的分布式追踪算法，能够节约 28.5% 的系统能耗。这证明了本算法在多目标追踪应用中具有明显的优势。

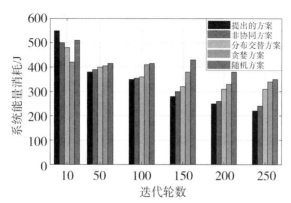

图 3-14　无人机群系统能耗的比较

在图 3-15 中，本节给出了物理碰撞避免的仿真分析，其物理碰撞分析基于设计的最近飞行安全距离指标ϖ_{min}。此外，在迭代轮数增加时，本算法同时记录任务队列的长度变化。可以看出，所有的算法在迭代过程中都降低了物理碰撞的次数。然而，其他四种算法无法避免物理碰撞的发生。本算法能够在迭代次数达到 70 左右，确保物理碰撞次数维持在 0 次。这揭示了无人机之间的协同交互机制不仅能够确保能耗的节约，还能够降低无人机之间的物理碰撞概率。

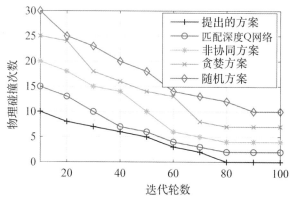

图 3-15　无人机群碰撞避免

3.5.2.3　系统执行时延和追踪成功率分析

图 3-16 提供了无人机群系统执行时延的比较分析。基于图 3-16 可以看出，除了随机机制，剩余所有算法都能够随着迭代轮数的增加，系统时延有着明显的降低。除此之外，本算法在收敛速度上也优于其他四种算法。这揭示了感知和计算资源的整合能够有效降低系统执行的时延。该方案也能够帮助无人机群加速系统的执行响应，确保实时的追踪表现。从数值上分析，本算法相比较匹配深度 Q 网络、非协同机制、贪婪算法和随机算法，分别能够降低(30%、41.1%、56.5%、60%)的系统时延。

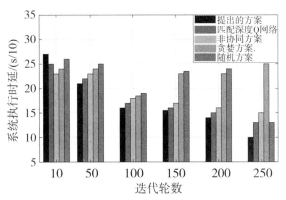

图 3-16　无人机群执行时延的比较分析

图 3-17 提供了无人机群成功追踪率的比较分析。追踪成功率的物理意义在于无人机在整个追踪任务中，所能感知到的平均目标数量与总目标数量的比值。基于图 3-17 可以看出，随着迭代次数的增加，所有算法都能够优化无人机的协同追踪策略，提升协同追踪的成功率。相较于其他算法，本算法借助设计的能耗均衡机制，进一步保障了无人机和目标间动态关联的准确性，随着学习次数的增加，追踪成功率也会明显提升。这也揭示了感知和计算资源的整合能够提升无人机对高速移动目标的精确感知能力和精确的协同追踪能力。从数值上分析，本算法相比较匹配深度 Q 网络和分布交替方案，分别能够提升 27.8% 和 35.7% 的成功追踪率。

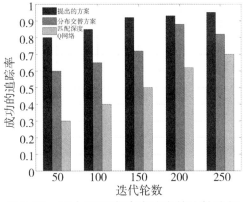

图 3-17　无人机群成功追踪率的比较分析

3.6 本章小结

本章针对中规模追踪场景中计算资源调度不合理的问题进行了深入研究。为应对此问题，本章创新性地设计了一种分布式动态无人机群协同计算管理机制。在这一机制的基础上，进一步开发了一种基于排队论的无人机群体协同计算模型。此外，为了增强协同计算的实时性，本章还建立了一个基于李雅普诺夫整数优化的模型。为有效求解此模型，提出了一种智能协同计算和追踪算法。该算法在确保避免碰撞的同时，实现了精确、低时延且低能耗的协同计算和追踪。通过仿真实验验证，与现有流行算法相比，本算法不仅提高了预测精度，还显著降低了系统的能耗和响应时间。

无人机具有灵活性和小型化的优势，其在中规模追踪场景中发挥着关键作用。然而，无人机的高成功追踪率需要充足的通信资源的支撑。因此，有效调度通信资源对于面向中规模追踪场景的精确协同追踪至关重要。基于此，下一章将重点关注通信资源的优化，在保证高通信资源利用率的同时，实现更精确和低时延的协同追踪。

第四章

数字孪生赋能的无人机群感知通信资源协同调度策略

虽然协同计算机制能满足高速移动目标追踪需求，但目标速度差异性为无人机群带来了高频繁信息交换的压力。为解决高通信开销问题，本章提出了一种数字孪生赋能的无人机群感知通信资源协同调度策略。该策略引入数字孪生技术优化通信资源调度，主要内容涵盖数字孪生赋能的无人机群协同追踪模型设计、数字孪生赋能的通信资源调度建模分析、基于分布式无人机群的智能感通资源调度算法设计和实验验证评估。

4.1 引言

在传统的集中式管理模式下，无人机采用常规无线通信技术(如 Wi-Fi)与云服务器进行通信。研究表明，在空地空通信场景中，当无人机与云端的物理距离超过 100 m 时，数据传输的时延将显著增加，从而导致信息传输的不可靠[103]。此外，频繁的信息交换也会造成较高的通信能耗，加大了无人机通信资源调度的压力，难以保障合理追踪决策的输出。

针对该挑战，本章以感知和通信资源调度优化为主线，以低时延和高成功追踪率为目标，提出了一种数字孪生赋能的感知通信资源协同调度决策。该决策基于注意力机制，沿用第三章的强化学习框架算法，从物理环境中精准提取无人机和目标信息，构建精确的 DT 模型，预测并推演无人机和目标的运动路径和移动速度，选择合适的无人机执行协同的目标追踪。对于近处的中低速目标，该 DT 模型能够挑选恰当的邻居无人机协同追踪，提高目标追踪的成功率。而对于高速移动的目标，基于目标的轨迹预测，指导无人机下达指令，去调度恰当的远处无人机，预先飞行到有利于观测目标的空域，进行后续的追踪接力。该 DT 模型能够实时调整天线的波束，选择最佳的中继无人机，并且制定优化的智能路由决策，从而降低通信的开销。

4.2 数字孪生赋能的无人机群协同追踪模型设计

本节设计了一种数字孪生赋能的感知通信资源协同调度系统模型，该模型可确保在 MTT-UAVs 场景中使能无人机群实现精确的协同追踪。基于此，本节建立了信息交换模型，去分析 MTT-UAVs 的通信资源调度。

在物理世界中，无人机感知的数据可映射到虚拟空间，通过处理异构数据确保高效的目标评估和精确的轨迹预测。将处理后的数据存储在无人机中，无人机与邻居无人机通过信息交换，确保精确和实时的协同追踪。数字孪生赋能的无人机群追踪系统模型如图 4-1 所示，无人机能够周期性地起飞，观测潜在的偷渡目标。在物理世界当中，使用集合 $M = \{1, 2, \cdots, M\}$ 来表示无人机群，使用 $K = \{1, 2, \cdots, K\}$ 来表示移动的车辆或者群体目标。每一个无人机基于感知到的局部物理信息，构建局部数字孪生映射，用来预测无人机和目标的移动轨迹，进而推演合适的协同追踪决策。无人机基于收集到的目标和邻居无人机的移动信息，在虚拟空间执行目标轨迹的预测，推演与其他无人机需要交换的数据，制定合适的协同追踪决策。基于信息交换模型，无人机能够选择合适的邻居无人机，实现对中低速目标的精确协同追踪，而对于高速移动目标，无人机能够推演优化的信息传输路由，调度合适的无人机飞行到恰当的空域，完成追踪的接力，提高协同追踪的成功率和实时性。

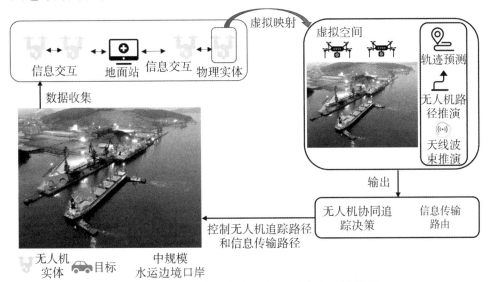

图4-1 数字孪生赋能的无人机群追踪系统模型

无人机能够使用计算资源训练感知到的数据，获取对应的数字孪生模型。该模型能够指导选择合适的邻居执行低开销的信息交换，并确保协同追踪的高成功追踪率。此外，针对高速移动目标，该模型能够协调远程的协同者执行协同的接力。本节将从三个部分详细介绍该 DT 模型：异构信息的感知和处理；信息的管理与交换；无人机群的协同。

（1）异构信息的感知和处理。在物理世界中，无人机群使用摄像头和视觉传感器等机载传感器来捕捉和识别移动目标。无人机采用一种 YOLO V5 的框架来正确分辨目标和追踪者[104]，采用一种卷积神经网络（convolution neural network，CNN）算法来识别采集到的目标图像。本节通过在实际场景中获取目标图像来训练该神经网络。采用大量相似的图像与训练好的模型做验证分析，获取一种可行的 CNN 算法模型，建立损失函数 L 来评估该算法的性能，见式（4-1）和式（4-2）。

$$\kappa_{a+1} = \kappa_a + \phi_{a+1} \tag{4-1}$$

$$\phi_{a+1} = 0.9\phi_a - 0.000\,5l_a\kappa_a - l_a\left(\frac{\partial L}{\partial \mathcal{K}_a}\right) \tag{4-2}$$

其中，κ 是 L 的更新系数；ϕ 是相关的冲量参数；a 是迭代次数的索引；l_a 是对应的学习速率；$\dfrac{\partial L}{\partial \mathcal{K}_a}$ 是 $L(X) = -\log P(X \mid \dot{X}_i)$ 的第 a 次推导值关于 κ_a 的偏导数，其中，X 是图像的输入表示，$\dot{X}_i$ 是第 i 类图像表示。

该训练结果能够判定当前口岸中是否存在偷渡和违法目标，无人机采用超带宽（ultra width band，UWB）传感器，在 4.3 GHz 中心频段下，迅速扫描无人机周围的移动目标[105]，获取该目标的相关移动状态，包括物理距离、实时的位置信息和移动速度。见式（4-3），无人机能够使用二进制脉冲位置调制（binary pulse position modulation，BPPM）技术来控制 UWB 向周围发射脉冲。

$$s_i(t) = \sum_n b_n \delta(t - c_n I_l - n I_s) \tag{4-3}$$

其中，$s_i(t)$ 是无人机 i 在时间 t 时的传输信号；b_n 是脉冲的极性；c_n 是传输的参数；I_l 和 I_s 分别是时隙的长度和参数域。下标 n 表示第 n 个扫描子区域。信号由一个三维波束组成，其可以向不同的方向传输，来获取移动目标的方向和速度。在实际场景中，本节测试了带有 30° 扫描角的 UWB 设备。基于信号 t_g 的发射往返时间和配置评估工具（reconfiguration and evaluation tool，RET）获取到的相关发射角度 $\theta(s_i)$，在时刻 t 时，目标 k 的移动速度 v_k 见式（4-4）。

$$v_k = \frac{1}{C} \sum_{i_s=1}^{C} \Delta \frac{c t_g}{2 \Delta I_l} \tag{4-4}$$

其中，c 是电磁波的速度；$\Delta(x)$ 是微分值；无人机通过该数据处理操作能够提升对目标的评估准确度。最终，异构传感器的融合数据结果 O_p 见式（4-5）。

$$O_p = \frac{1}{W} \sum_{w=1}^{W} \omega_w p_w \tag{4-5}$$

其中，W 是传感器的数量；ω_w 是传感器 w 的权重；p_w 是传感器 w 的评估值。基于此，无人机的感知表现 ω_t 见式（4-6）[106]。

$$\omega_t = \frac{\sum_k \mathrm{Nu}[\,\mathrm{Surf}(t, S_i)\,]}{2} \geq \varpi \tag{4-6}$$

其中，ϖ是设定的阈值；$\text{Nu}[x]$是被感知到的目标数量；$\text{Surf}(t, S_i)$是无人机i在时刻t具有状态S_i时的非重叠感知区域。基于此，其累积成功追踪率ρ见式(4-7)。

$$\rho = \lim_{T \to \infty} \frac{1}{T} \sum_{t=0}^{T} \omega_t \tag{4-7}$$

（2）信息的管理与交换。在虚拟空间中，DT模型能够基于感知到的数据，帮助无人机预测周围目标的运动轨迹。此外，该模型能够同步无人机之间的时间来确保分布式模式的信息交换。当触发目标感知或者信息交换事件时，DT模型更新无人机的本地时间。该模型使用一种Lamport时间戳算法来确定时间的触发顺序，以确保时间的同步[107]。无人机之间交换的信息包括无人机存储的所有信息术语。每一条术语代表目标的一个属性信息，其用集合$a_i = \{o_j(c_j, m_j), o_k(c_k, m_k)\}$来表示，其中，$o_j$和$o_k$分别是邻居$j$和目标$k$的状态；$c_j$和$m_j$分别是具有本地时间戳$f_i$的信息收集和存储时间。无人机在信息交换操作前，会提前分享该本地时间戳来确保信息交换的同步。对于两个无人机之间的信息交换来说，DT模型能够指导无人机设置它们的本地时间戳f_i和f_j。一个中心控制器能够管理和下发该同步对称信息。基于此，DT模型能够使能无人机i发送一个虚拟的信息f_i到无人机j。无人机调整它们的本地时钟去解决同步导致的死锁挑战。无人机i和无人机j之间的时间戳同步模型见式(4-8)。

$$a_i \to a_j, \ \text{if}(f_{ai}[i] \leqslant f_{aj}[i]) \wedge (f_{ai}[j] < f_{aj}[j]) \tag{4-8}$$

其中，$f_{ai}[i] \leqslant f_{aj}[i]$表示无人机$j$在设置$a_i$时接收到了无人机$j$发送的时钟值，$f_{ai}[j] < f_{aj}[j]$表示无人机$i$当前没有接收到无人机$j$的信息。基于式(4-8)，本节实现了基于一种触发式的时间同步操作，事件处理部件也会实时更新任意两架无人机之间的时钟信息。

对于信息交换，无人机在虚拟空间建立一种初步的基于波束成形技术的信息交换模型。基于波束成形的无人机通信示意图如图4-2所示，无人机i和无人机j的俯仰角分别表示为θ_i和θ_j，$\theta \in [0, \pi]$，其对应的方位角分别表示为η_i和η_j，$\eta \in [-\pi, \pi]$。见式(4-9)，DT模型能够动态地调整阵

列参数 κ。

$$\kappa(\eta,\ \theta,\ I) = \sum_{a=1}^{A} I_a \mathrm{e}^{-j\frac{2\pi}{\lambda}d_a(\eta_i,\theta_i)} \mathrm{e}^{j\frac{2\pi}{\lambda}d_a(\eta_j,\theta_j)} \tag{4-9}$$

其中，A 是每一架无人机的天线数量；λ 是波长；$I \in [0,\ 1]$ 是当前归一化权重。基于从物理世界中收集到的无人机位置信息，在虚拟空间动态调整无人机的俯仰角和方位角，以确保该数学模型能够精准刻画无人机之间的通信过程，提高信息交换的可靠性，降低通信时延。

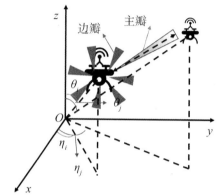

图4-2　基于波束成形的无人机通信示意图

DT 模型能够动态地调整 θ 和 η 来改变波束的方向。由于传输信道具有空间稀疏性，常见的方法是在波束带宽和一个固定侧波瓣提取一个真实的队列波束，确保每一个波束都存在一个主波瓣[108]。使用 $G_{ma}(A)$ 和 $G_{si}(A)$ 分别表示主波瓣和侧波瓣的增益：$G_{ma}(A)$ 假设是非减参数；$G_{si}(A)$ 假设为非增参数[109]。在这种情况下，$\dfrac{G_{ma}}{G_{si}}$ 是非减的。无人机 i 和无人机 j 在视距场景下的传输模型见式(4-10)。

$$r_{i,j} = B(A)\log_2\left[1 + \frac{a_i^{f_i} P_{total} G_{ma}(c_i)\hat{e}d_{i,j}^{-a}}{\hat{T} + \bar{T} + a_i^{f_i}\sigma^2} \right] \tag{4-10}$$

其中，$\hat{T} = \sum_{l_j \in \Omega} G_{ma}(c_j)L(l_j)e_j$ 是无人机 i 朝着无人机 j 发射波束点时的干扰；$L(x)$ 是无人机在空间密度 x 下捕捉到的信道增益函数；$\bar{T} = \sum_{c_j \in \hat{\Omega}}$ $G_{s_j}(c_j)L(l_j)g_j$ 是无人机 j 远离波束点时的干扰；$\hat{\Omega}$ 和 Ω 分别是无人机 j 在主波瓣和侧波瓣处的干扰；$\hat{e}$，e_j 和 g_j 分别是链路 $a_i^{f_i}$ 小尺度衰落的随机变量，朝

着无人机 j 处的波束点干扰和远离无人机 j 处的波束点干扰；$B(A)$ 是信道带宽；P_{total} 是 A 条天线的所有功率；$d_{i,j} = \sqrt{(x_i - x_j)^2 + (y_i - y_j)^2 + (z_i - z_j)^2}$ 是无人机 i 和无人机 j 之间的物理距离；$G_{i,j}$ 是传输的增益；$a_i^{f_i} \in \{0, 1\}$ 是频谱 f_i 的信道索引；$u_{f_i, f_m} = 1$ 意味着 $f_i - f_m = 0$，表示这两架无人机同时占据了相同的信道；$u_{f_i, f_m} \to 0$ 意味着 $(f_i - f_m) \to \infty$ 表示信道 f_i 和 f_m 分别占用了不同的信道，即 $u_{f_i, f_m} \in (0, 1]$。$\sigma \sim N(0, \delta)$ 是带有一个标准方差 δ 的零均值随机高斯变量。

（3）无人机群的协同。在 MTT-UAVs 执行的过程中，DT 模型能够帮助无人机同时协调近处的邻居无人机和远端的无人机，提高协同追踪的成功率。此外，该模型能够为无人机群提供合适的追踪路径，达到低时延的 MTT 效果。具体来说，DT 模型能够帮助无人机邀请合适的邻居无人机执行慢速移动目标的协同追踪。它也能够通过降低邻居协同者的数量，来降低通信的开销。为了协调远程无人机协同追踪高速移动目标，DT 模型能够帮助无人机探索合适的中继无人机，执行远程协同信息的递交操作，指导远程无人机飞抵至合适的空域，协同追踪快速移动的目标。

4.3 数字孪生赋能的通信资源调度建模分析

为了探索最优的通信和感知协同调度决策，本节建立了一种低通信能耗协同追踪优化模型。

4.3.1 无人机群感通资源调度分析

考虑不同传感器的感知速率和数据的异构性，其感知能耗模型见式（4-11）。

$$E_i^s = \sum_{w=1}^{W} \beta_w b_{i,w}^k \alpha_{s,w} q_{i,w}^k \tag{4-11}$$

其中，$\alpha_{s,w}$ 是传感器 w 感知单位数据时的能耗（J）；$q_{i,w}^k$ 是数据收集速率；$b_{i,w}^k \in \{0, 1\}$ 表示感知链路是否存在。基于感知速率 λ_w，感知时延模型见式（4-12）。

$$t_i^s = \sum_{w=1}^{W} \frac{q_i^w}{\lambda_w} \tag{4-12}$$

考虑无人机之间信息交换的不可靠性，本节考虑了一种基于自动重传询问（automatic repeat query，ARQ）的数据重传机制[110]。本小节使用通信能耗指标来评估无人机之间信息交换的表现。该指标使用单位时间内的传输能耗来定义。本小节使用一个固定值 l_p 来定义无人机之间传输的最小单位数据包。考虑 ARQ 机制，假设传输功率为 P_r，功率消耗 $\hat{P}$ 可以计算为 $\hat{P} = P_r I$，其中，I 表示重传的次数。在无人机 i 和 j 之间的通信传输能耗见式（4-13）。

$$E_{i,j}^c = q_{i,j} l_p \hat{P} T_r \tag{4-13}$$

其中，$q_{i,j}$ 是无人机 i 传输给无人机 j 的数据包的数量；T_r 表示数据请求时间。重传次数 I 可以定义为 $I = \sum_{R=1}^{\infty} R(1 - p_{re}^R) p_{re}^{-p_w R(R-1)}$，其中，$R$ 表示第 R 次重传成功；p_{re} 表示重传的概率。对应的时延开销 $t_{i,j}^c$ 见式（4-14）。

$$t_{i,j}^c = q_{i,j} l_p T_r I \tag{4-14}$$

其中，$T_r I$ 表示在每次信息交换过程中，单位比特的传输时间。

4.3.2 轨迹预测分析

基于机载传感器获取到的数据，无人机能够预测多个目标的移动轨迹。然而，很多传统的惯性预测算法，如 KF 算法，对于具有随机移动轨迹的目标是不合适的。这种算法会随着时间的增加，累积预测误差，最终导致追踪的失败。在 MTT-UAVs 场景中，EKF 预测算法能够应对非线性运动轨迹的预测。通过泰勒级数方法的帮助，能够将这类非线性运动近似为线性运动。

数字孪生预测模型基于 EKF 算法，该算法由预测阶段和更新阶段两部分组成，在预测阶段，目标 k 的初始坐标可以通过运动方程表示为 $x_{t+1|t} = Fx_t + \omega_t$，其中，$F$ 是转换矩阵；ω_t 是标准高斯白噪声矩阵。本小节使用 $P_{t+1|t} = FP_tF^T$ 来评估预测阶段。将该评估结果输入到接下来的更新阶段。本小节定义了一种方差函数 $S_{t+1} = P_t + H_{t+1}P_{t+1|t}H_{t+1}^T$，用以获取卡尔曼增益 $K_{t+1} = P_{t+1|t}H_{t+1}^T S_{t+1}^{-1}$，其中，$H$ 是评估矩阵。该更新过程表示为 $x_{t+1} = x_{t+1|t} + K_{t+1}\tilde{y}$，其中，$\tilde{y}$ 是计算值和评估值之间的差值。无人机 i 的预测误差见式（4-15）。

$$\alpha_i^k(t) = x_t - x_{t|t-1} \tag{4-15}$$

基于给定的最大的可接受误差 Λ_k，该系统误差约束见式（4-16）。

$$\frac{1}{M}\sum_{i=1}^{M}\alpha_i^k(t) \leqslant \Lambda_k \tag{4-16}$$

4.3.3 优化模型建立

基于上述的分析，感知和通信能耗约束见式（4-17）。

$$\frac{1}{T_1}\left(\sum_j \varrho_{i,j}E_{i,j}^c + E_i^s\right) \leqslant E_{i,\max} \tag{4-17}$$

其中，$\sum_j \varrho_{i,j} = 1$，$\varrho_{i,j} \in \{0, 1\}$；$E_{i,\max}$ 表示无人机 i 在单位时间内的最大可用能量；T_i 是无人机 i 在目标感知和执行邻居信息交换时所消耗的时间。因此，时延开销的约束见式（4-18）。

$$\sum_j \varrho_{i,j}t_{i,j}^c + t_i^s \leqslant t_{i,\max} \tag{4-18}$$

其中，$t_{i,\max}$ 是最大可接受的时延。基于式（4-10），通信效率模型见式（4-19）。

$$\vartheta_i^e = \frac{\varrho_{i,j}r_{i,j}}{P_{\text{total}}P_{\text{circ}}} \tag{4-19}$$

其中，P_{circ} 是线圈的能耗。除了通信能耗的考虑，也需要分析无人机的飞行和悬停能耗。该能耗与无人机的飞行速度直接相关，其飞行能耗模型见式

(4-20)。

$$E_i^f = \int_{t-1}^{t} P_i^f(\parallel v(s) \parallel) \mathrm{d}s \qquad (4\text{-}20)$$

其中，$P_i^f(\parallel v(s) \parallel)$ 是无人机在速度 $v(s)$ 时的功率；$\parallel v(s) \parallel$ 是无人机在时刻 $s \in [t-1, t]$ 时的速度。悬停能耗与飞行器的类型和空气密度 ρ_a 有关。该悬停能耗见式(4-21)。

$$E_i^h = \int_{t-1}^{t} \frac{c_d}{8} \rho_a A v_a^3 R_a^3 + (1 + c_a) \frac{N_w^{3/2}}{\sqrt{2\rho_a A}} \mathrm{d}s \qquad (4\text{-}21)$$

其中，c_d 是收益指数；ρ_a 是空气密度(kg/m³)；A 和 v_a 分别是机翼半径区域(m²)和叶片旋转速度(r/s)；R_a 和 c_a 分别是机翼旋转半径(m)和纠正因子；N_w 是无人机 i 的重力(N)。因此，无人机的非通信能耗见式(4-22)。

$$E_i^{nc} = \max\{E_i^f, \ E_i^h\} \qquad (4\text{-}22)$$

其中，$E_i^f = 0$ 表示无人机 i 处于悬停状态，反之亦然。基于上述的讨论，系统优化模型见式(4-23)。

$$P1: \ \max\left\{ \lim_{T \to \infty} \frac{1}{T} \sum_{t=0}^{T} \left[\sum_{i=0}^{M} (\vartheta_i^e - E_i^{nc}) \right] \right\} \qquad (4\text{-}23)$$

$$\text{s. t.} \begin{cases} C1: & (4\text{-}6), (4\text{-}16), (4\text{-}17), (4\text{-}18), \ i, j \in \mathcal{M} \\ C2: & \varrho_{i,j} \in \{0, 1\} \\ C3: & r_{i,j} \geqslant r_{\min} \\ C4: & d_{i,j} \geqslant d_{\min} \\ C5: & v_i \leqslant v_{i,\max} \end{cases}$$

其中，$C1$ 表示感知性能、系统能耗和相关时延的约束；$C2$ 给出了无人机 i 在同一时刻下只能够关联一个邻居；$C3$ 是传输速率的约束；$C4$ 给出了在避免碰撞的考虑下，无人机之间最短的安全飞行距离；$C5$ 表示最大的追踪速度约束。该问题被证明是一个 NP 难问题，其证明过程如下。

引理 4.1 该优化模型 $P1$ 是一个 NP 难问题。

证明：本小节从感知和通信两个角度来证明该问题。对于目标感知，无人机追踪 K 个移动的目标。K 个移动目标的物理位置能够抽象为一个独立集。该集合可以使用一个图 G 来表示。G 具有至少 $M + K$ 个定点和 MK 条边，这种抽象方法可以归约为一个独立集问题[88]。换句话说，本小节期望找到一个带有 K 个移动目标的独立集，使其能够关联任意无人机。在这种情况下，该独立集问题能够获取任意数量的无人机。此外，该问题能够从一个二维图问题扩展到一个超图问题。该问题可以被看作是一个图的泛化表示。其中，超图的一条边能够连接任意数量的顶点，以优化无人机关联目标的数量。在此情况下，该独立集问题能够归约为一个回旋针问题[111]，该问题是一种典型的 NP 难问题。考虑数据的传输操作，所有的移动目标能够抽象为多个环路。对于每一个环路，链路的权重能够使用通信能耗和感知性能指标来表示。这种问题可以归约为一个典型的旅行商问题（travelling salesman problem，TSP）问题[112]。该问题是公认的 NP 难问题。∎

4.4 基于分布式无人机群的智能感通资源调度算法设计

为了保证低开销的 MTT-UAVs 系统，本节提出了一种基于感通资源协同调度的分布式追踪算法，以求解 4.3 节建立的优化模型。

4.4.1 基于拓扑控制的协同追踪

在 MTT-UAVs 系统中，协同追踪的一个重要考虑因素是无人机群的拓扑控制。该因素对协同感知也有着明显的影响。无人机群的空间物理距离影响着目标感知的覆盖区域和通信的能效。此外，动态的拓扑关联也能够直接影响 DT 模型的建立和优化。

基于该考虑，本小节设计了一种精确感知和高效通信的分布式拓扑控制规则。为了合理地控制无人机群拓扑，设置了无人机之间的安全飞行距离约束 d_{min} 来保证安全的协同追踪需求。考虑移动目标轨迹的不确定性，无人机能够采用有效的通信范围和邻居无人机交换感知信息。当邻居改变与当前目标的关联关系时，无人机能在两跳通信范围内和邻居交换信息，从而获取最新的邻居状态。无人机 i 获取到的交换信息可以使用队列 $Q_{i,t}$ 的方式表示，其分为以下三部分：

（1）在时刻 t 时，接收到转发给其他无人机的信息 $y_{i,t}$；

（2）在时刻 t 时，接收到邻居无人机的信息 $x_{i,t}$，该信息不继续转发；

（3）在时刻 t 时，自身的感知信息 $z_{i,t}$。

当邻居状态改变时，该信息队列更新见式（4-24）。

$$Q_{i,t+1} = [Q_{i,t} - \sum_k (x_{i,t}^k + y_{i,t}^k)]^+ + \sum_k z_{i,t}^k \tag{4-24}$$

其中，$[x]^+ = \max\{0, x\}$。

（1）邻居协同。邻居协同示意图如图 4-3 所示。DT 模型能够为无人机提供关于邻近无人机的精确拓扑信息，以及与远程无人机之间的粗略拓扑信息。这些拓扑信息包括无人机的位置、无人机间的关联关系以及无人机的姿态信息，帮助无人机准确评估邻居无人机的状态，从而确保有效的协同追踪。

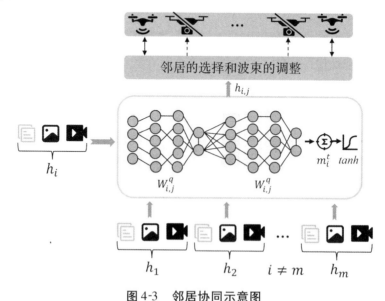

图 4-3　邻居协同示意图

进一步地，基于对邻近无人机的观测，本节采用了基于注意力机制的模型来探索最优的邻居信息交换策略。利用多层感知网络来训练邻居的属性信息 h_j^{t} [113]。如图4-3所示，在编码阶段，无人机观测到的信息可以表示为 $h_i^{t} = (h_{i,1}^{t}, h_{i,2}^{t}, \cdots, h_{i,m}^{t})$，并将这些信息输入到多层感知网络。该网络通过轻量化的转换操作 $h_{i,j}^{t} = f(h_j^{t}, W_{i,j}^{k})$ 来处理信息，其中，$W_{i,j}^{k}$ 是权重参数，用于将原始状态空间映射到一个新的状态空间。

在解码阶段，采用了一个激活函数 $m_i^{t} = h_i^{t} W_{i,j}^{q}$，执行解码操作，其中，$W_{i,j}^{q}$ 是一个超参数。使用 $tanh$ 函数来计算无人机 i 与无人机 j 之间的通信概率值，见式（4-25）。

$$e_{i,j}^{t} = tanh(m_i^{t} h_{i,j}^{t}) \tag{4-25}$$

其中，$e_{i,j}^{t} \geq 0$ 表示选择无人机 j 通信，反之亦然。这种基于数字孪生的模型设计，不仅提高了无人机网络信息交换的效率，还增强了协同追踪的能力。

（2）远程协同。对于远程的无人机协同，通过使用粗粒度的无人机拓扑信息来获取远程无人机的状态，其信息包括无人机的位置以及无人机之间的关联关系。使用一种分布式路由算法来实现实时的拓扑信息获取，并将该信息以图表的形式存储在无人机中。通过数据训练获取到的 DT 模型基于该信息，能够提供一种定向的协同信息递交服务。具体来说，DT 模型能够帮助无人机选择合适的邻居充当中继的角色，基于移动目标的轨迹预测，朝着对应的方向递交信息。中继无人机能够将自身信息返回给上一架中继无人机，通过获取递交状态信息，保证信息递交的精准性。本小节从以下两个方面分析信息递交的表现。

①无人机接收到远程无人机的反馈信息，该远程无人机可参与该协同追踪任务。

②在给定的时间范围内，无人机没有接收到远程无人机的反馈信息。

对于第一种情况，无人机基于定向信息递交的方式，可能找到多个合适的远程协同候选者。在此情况下，DT 模型能够使能无人机向所有的候选者发送目标的轨迹预测结果。距离该目标最近的远程无人机作为最优的协同者执行该次协同追踪任务。第二种情况揭示了无人机在执行信息递交的过程中无法找到合适的下一跳中继者。DT 模型仍然能够指导无人机和其他中继者交换目标的轨迹预测信息。距离该目标最近的无人机作为协同者，该协同者将基于轨迹预测结果，飞行到合适的空域执行协同的追踪任务。这种方式通过拓扑信息的支持下，能够明显降低无人机群的通信开销。本小节也验证了在给定的通信范围 d_{com} 内，递交路由能够至少缩短到 $\dfrac{C_d}{d_{\text{com}}}$ 跳数。中继的信息反馈行为也能帮助无人机在执行邻居观测的同时，获取一种轻量化的 DT 模型。因此，该 DT 模型通过选择最优的协同者，有效地控制无人机拓扑，保证协同追踪的成功率。

4.4.2 感通资源协同调度

基于 DT 模型获取到的拓扑信息，本小节通过比较通信和感知能力来制定低时延的远程协同追踪策略。

（1）无人机的感知范围大于其通信范围。

（2）无人机的通信范围大于等于其感知范围。

远程协同示意图如图 4-4 所示，使用式（4-16）可获取目标的轨迹预测结果，目标的移动轨迹的矢量距离表示为 $d_{rT} = \sqrt{(x_t - x_{rT})^2 + (y_t - y_{rT})^2 + (z_t - z_{rT})^2}$。当感知范围大于通信范围时，基于该物理距离，无人机 i 基于宽广的感知范围，能够观测和发现合适的远程协同者 m，并获取所有中继无人机的位置和相关的物理距离。无人机能够寻找一条最近的路径去执行信息的递交操作。本小节使用一个联通矩阵 $\boldsymbol{A}^c$ 来表示动态拓扑之间的关联关系。对于无人机 j 和 v 来说，如果传感器获取到的物理距离 $d_{j,v}$ 大于通信半径 d_{com}，则 $A_{j,v}^c = 0$，反之亦然。

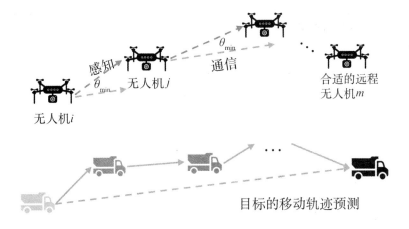

图 4-4　远程协同示意图

（1）基于矩阵信息 $\boldsymbol{A}_c = (\boldsymbol{V}_c, \boldsymbol{E}_c)$，设置源无人机 i 和目的无人机 m，其中，$\boldsymbol{V}_c$ 和 $\boldsymbol{E}_c$ 分别表示矩阵的定点和边。

（2）构建集合 $\mathbb{S} = \{i\}$ 和 $\mathbb{U} = \{V_c\} \setminus i$。

（3）选择具有最短距离 $d_{i,v}$ 的中继 v。

（4）评估第 v 行中元素为 1 的中继无人机节点。

　　①计算物理距离 $d_{v,j}$。

　　②如果 $(d_{i,v} + d_{v,j}) > d_{i,j}$，更新该距离为 $d_{i,j}$。

（5）迭代（3）和（4）直到找到所有中继无人机，记录并存储最短路径和相关的中继节点。

当无人机的通信范围大于感知范围时，无人机能够通过图 4-4 中的最小角 θ 来选择合适的中继无人机，执行协同的追踪操作。其中，θ 是目标 k 的移动方向和信息转发方向之间的夹角。与此同时，使用一种距离评估参数 C_d 来评估当前的信息递交距离。当 $C_d \leqslant \epsilon$ 时，终止该递交过程。其中，ϵ 是一个设定的阈值。随着递交过程的动态变化，C_d 更新见式（4-26）。

$$C_d = C_d - \parallel \overrightarrow{d_{i,j}} \times \overrightarrow{d_{rT}} \parallel_2 \tag{4-26}$$

其中，$C_d = d_{rT}$ 是初始距离评估；$x \times y$ 是 x 与 y 的叉积；$\parallel z \parallel_2$ 表示欧拉范数；$d_{i,j}$ 是无人机 i 和下一跳中继 j 之间的物理距离。算法 4-1 给出了其具体执行过程。

算法 4-1　无人机群的多尺度协同

Input：隐含层的数量 H；训练轮数 E_{max}；观测信息 o；邻居数量 m；阈值 ϵ

Output：中继向量 $C^{M \times 1}$

Definition：$E_{max} = 1\,000$

1　构建 MLP 网络

2　while $E \leqslant E_{max}$ do

3　　　初始化观测信息 $o_{i,j}^t$

4　　　for 每一架无人机 i do

5　　　　　计算编码表示 h_i^t

6　　　　　for 对于每一架无人机的邻居 do

7　　　　　　　计算重要度 $h_{i,j}^t$

8　　　　　　　计算注意力值 m_i^t

9　　　　　end

10　　　end

11　end

12　if $d_{j,v} \geqslant d_{com}$ then

13　　　执行最短路径算法

14　end

15　if $d_{j,v} < d_{com}$ then

16　　　初始化距离评估信息 C_d

17　end

18　for 每一架无人机 i do

19　　　for 每一个目标 k do

20　　　　　if i 感知到 k then

21　　　　　　　while $C_d > \epsilon$ do

22　　　　　　　　　for 每一个邻居 m do

23　　　　　　　　　　　计算角度 θ

24　　　　　　　　　　　选择具有最小角度的邻居转发信息

25　　　　　　　　　　　使用式(4-26)更新 C_d 和中继无人机

26　　　　　　　　　end

27　　　　　　　end

28　　　　　end

29　　　end

30　end

4.4.3 基于感通协同调度的目标追踪

本小节提出了一种感通资源协同调度的分布式追踪算法。该算法可在提高感知性能的同时，降低通信的开销。不同于传统的基于频繁信息收集的 DT 系统，该系统仅基于目标的轨迹预测信息，实现在虚拟空间和物理空间之间的映射同步。这种方式能够在消除目标感知时延的优势下，明显提升同步的精度。在物理世界中，Lamport 算法能够将获取到的最新目标数据在无人机之间转发。当目标逃离当前感知区域时，无人机能够和邻居交换目标和自身的移动信息，为了低开销的通信，该信息交换操作可触发式执行，而非周期性执行。在虚拟空间中，每一架无人机能够基于多智能体强化学习框架执行智能的预测和推演操作。该框架包括一个策略网络和一个 Q 网络。策略网络训练物理信息输出对应的追踪行为。Q 网络进一步评估该行为的可行性。为了获取最优的协同追踪行为，本小节将该过程抽象为 SG 问题，该问题由一个元包 $\{\{S_i\}, \{A_i\}, \mathcal{T}, \{R_i\}\}$ 组成。其中，$\{S_i\}$ 是无人机 i 的状态空间，由于无人机 i 感知到的目标和邻居会动态变化，因此该状态空间是动态更新的。$\{A_i\}$ 是对应的行为空间；$\mathcal{T}$ 是以 $S_i \times A_i \to S_i$ 为变量的转换函数；$\{R_i\}$ 是对应的回报函数。S_i 能够从以下三个角度来分析。

（1）自身状态 $s_i = \{\kappa_i, x_i, he_i, v_i, g_i, r_i, C_{i,t}, E_{i,j}^c, E_i^s\}$，其中，$x_i$，$he_i$，$v_i$ 和 g_i 分别是位置坐标、飞行高度、飞行速度和飞行姿态。

（2）邻居状态 $o_i = \{\{d_{i,j}\}, \{h_j\}, \{v_j\}, \{g_j\}\}$，其中，$\{g_j\}$ 是邻居 j 的姿态信息。无人机能够使用该信息来选择合适的邻居执行协同追踪。

（3）目标状态 $\varpi_{i,k}$，该状态包括目标的姿态、速度和位置信息。

行为空间定义为 $A_i = \{X_i, e_i, \{m_i\}, \{s_{i,j}\}, \{s_{i,j}^p\}\}$，其中，$X_i$ 和 e_i 分别是无人机 i 的飞行位置和航向角；$\{m_i\}$ 是无人机 i 执行信息交换的邻居集合；$\{s_{i,j}\}$ 是无人机 i 和 j 之间交换的数据类型，交换的数据量表示为 $\{s_{i,j}^p\}$。

本小节使用式（4-23）来联合优化无人机群感知和通信资源的调度。考虑通信资源的消耗均衡性，本小节的回报函数优化见式（4-27）。

$$R_i(S_i, A_i) = u_i(S_i, A_i) - \frac{\alpha_i}{m_i} \sum_{i \neq j} \max[e_j(S_j, A_j)$$

$$- e_i(S_i, A_i)] - \frac{\beta_i}{m_i} \sum_{i \neq j} \max[e_i(S_i, A_i) - e_j(S_j, A_j)] \quad (4\text{-}27)$$

其中，$u_i(S_i, A_i) = [\Delta E_i^s + \Delta E_i^c + \Delta t_i^c + \Delta C_{i,t}]$，并且 $\Delta[*] = *(t-1) - *(t)$；$e_j(S_j, A_j) = \lambda e_j^{t-1}(S_j, A_j) + u_j(S_j, A_j)$，参数 α_i 和 β_i 分别设置为 5 和 0.05[114]。

数字孪生赋能的感知通信协同追踪示意图如图 4-5 所示，该算法设计包含 Q 网络模块、actor 模块、神经网络模块和注意力机制模块，分别用 θ^Q、θ^μ、θ^P 和 θ^a 表示。注意力机制模块能够连接到 actor-I 的隐含层。使用稀疏向量 $\boldsymbol{C}^{1 \times m}$ 表示无人机 i 的邻居关系，其中，$\boldsymbol{C}_j = 1$ 表示无人机 i 可以和邻居 j 通信。该向量作为神经网络模块的输入，基于观测信息，该模块输出矩阵 $\boldsymbol{P}^{m \times \eta}$。观测信息和对应的行为信息一同放入回放池中，回放池中的信息可以表示为 $(S, A, R, S', \boldsymbol{C}, \boldsymbol{P})$。基于 Bellman 等式，行为值函数的建立见式(4-28)。

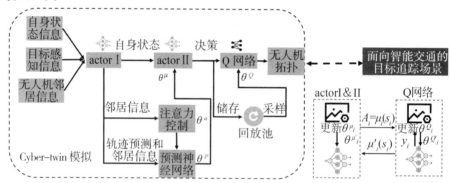

图 4-5　数字孪生赋能的感知通信协同追踪示意图

$$L(\theta^Q) = E_{S,A,R,S'}\left\{\sum_i [Q^\mu(S_i, A_i) - Y]\right\}^2 \quad (4\text{-}28)$$

其中，$Y = R_i + \gamma Q^{\mu'}(S_i, A_i)|_{A_i' = \mu_i'(S_i)}$，其中，$\gamma$ 是折扣因子。基于此，策略梯度函数见式(4-29)。

$$\nabla_{\theta^\mu} J(\theta^\mu) = E_{S,A \sim \mathcal{R}}\left[\sum_i \nabla_{\theta^\mu} \mu(A_i|S_i) \nabla_{A_i} Q^\mu(S_i, A_i)|_{A_i = \mu(S_i)}\right] \quad (4\text{-}29)$$

基于链式规则，使用后向传播的方式更新神经网络的参数，其更新过程见式(4-30)。

$$\nabla_{\theta^P} J(\theta^P) = E_{S,A \sim \mathcal{R}}\left[\sum_i g_i(\boldsymbol{P}_i|\boldsymbol{C}) \nabla_{\boldsymbol{P}_i} \mu(A_i|\boldsymbol{P}_i)\right.$$

$$\left. \nabla_{\boldsymbol{P}_i} \mu(A_i|\boldsymbol{P}_i) \nabla_{A_i} Q^\mu(S_i, A_i)|_{A_i = \mu(S_i)}\right] \quad (4\text{-}30)$$

其中，$g_i(*)$ 表示无人机 i 的通信小组，其参数更新过程见式(4-31)。

$$\theta' = \tau\theta + (1-\tau)\theta' \tag{4-31}$$

评估误差见式(4-32)。

$$\Delta Q_i = \frac{1}{\|C\|}\sum_j Q(S_j, A_j|\theta^Q) - \sum_j Q(S_j, \bar{A}_j|\theta^Q) \tag{4-32}$$

其中，$\bar{A}_j$ 是无人机在当前通信决策下的行为，其行为更新过程见式(4-33)。

$$L(\theta^a) = -\Delta\hat{Q}_i\log[p(P_i|\theta^a)] - (1-\hat{Q}_i)\log[1-p(P_i|\theta^a)] \tag{4-33}$$

算法 4-2 提供了具体的协同追踪执行过程。与此同时，本小节也给出了该算法收敛性的证明。

算法 4-2　协同追踪决策

Input：观测信息 S；Actor-critic 网络参数 θ^Q、θ^μ；更新权重 γ；神经网络参数 θ^P 和 θ^a；回放池 $\mathcal{R}$；无人机邻居集合 im_i；天线数量 A

Output：追踪任务执行决策

1　初始化 M 架无人机作为智能体

2　for 每一轮 do

3　　设置初始行为 μ 并接收相关的状态信息

4　　for 每一时刻 t do

5　　　while $\mathcal{M}\neq\varnothing$ do

6　　　　for 无人机 i 的每一架邻居无人机 do

7　　　　　执行算法 4-1，以及 $\mathcal{M}=\mathcal{M}\setminus\{m_i\}$

8　　　　end

9　　　end

10　　选择一个行为并计算回报函数 $R_{i,t}$

11　　将状态行为对存储到 $\mathcal{R}$ 中

12　　采样并评估

13　　for 每一次采样 do

14　　　使用式(4-27)计算新的回报值

15　　　使用式(4-29)和式(4-32)计算 Q 值

16　　end

17　　使用式(4-28)计算损失梯度

18　　使用式(4-30)和式(4-33)分别更新神经网络的梯度和注意力网络的梯度

19　end

20　end

引理 4.2　算法 4-2 能够实现同步的收敛。

证明：本小节基于行为值函数式（4-28），并基于接下来的假设，证明该算法能够收敛到一个最终值 $Q*$。

假设 1　该行为值函数能够访问无限次，并且该回报函数 R 存在上界 P。

假设 2　在 SG 过程中，在接下来的情况下，基于贪婪迭代，无人机能够获取均衡策略 $\pi^* = \{\pi_1^*, \pi_2^*, \cdots, \pi_M^*\}$。

（1）获取全局最优函数：$E_{\pi*}[Q_i^\mu(S)] \geq E_\pi[Q_i^\mu(S)]$，$\forall \pi$。

（2）获取一个驻点：$E_{\pi*}[Q_i^\mu(S)] \geq E_{\pi_i} E_{\pi_{-i}}[Q_i^\mu(S)]$，以及 $E_{\pi*}[Q_i^\mu(S)] \geq E_{\pi_i} E_{\pi_{-i}}[Q_i^\mu(S)]$。

基于上述的假设，接下来的引理可以支撑该证明。

引理 4.3　该 SG 过程 H_t 包含 $\{\{S_i\}, \{A_i\}, \{T\}, \{R_i\}\}$，其定义见式（4-34）。

$$H_{t+1}(x) = [1 - \alpha_t(x)] H_t(x) + \alpha_t(x) F_t(x) \tag{4-34}$$

如果满足以下条件，其能以概率 1 收敛到 0。

（1）$0 \leq \alpha_t(x) \leq 1$、$\sum_t \alpha_t(x) = \infty$ 和 $\sum_t \alpha_t^2 \leq \infty$。

（2）$x \in \sum_i S_i$ 和 $\sum_i S_i \leq \infty$。

（3）$\| E[F_t(x)] \mid F_t \|_d \leq \gamma \| H_t \|_d + z_t$，其中，$\gamma \in [0, 1)$ 和 z_t 能收敛到 0。

（4）$\mu[F_t(x) \mid F_t] \leq K(1 + \| H_t \|_d^2)$，其中，$K \geq 0$；$\|*\|_d$ 是权重最大的范数。

引理 1 和引理 2 能够明显满足，本小节使用 Q 函数和式（4-34）来证明引理 3 和引理 4 也能满足。H_t 和 F_t 的关系能够重新设计，见式（4-35）和式（4-36）。

$$H_t(S_t, A_t) = Q_t(S_t, A_t) - Q^*(S_t, A_t) \tag{4-35}$$

$$F_t(S_t, A_t) = R_t + \gamma Q^\mu(S_t + 1) - Q^*(S_t, A_t) \tag{4-36}$$

式（4-36）证明了第三个引理，见式（4-37）。

$$F_t(S_t, A_t) = R_t + \gamma Q^\mu(S_{t+1}) - Q^*(S_t, A_t)$$
$$= R_t + \gamma Q^{\mu^*} - Q^*(S_t, A_t) + \gamma[Q^\mu(S_{t+1}) - Q^{\mu^*}(S_t, A_t)]$$
$$= R_t + \gamma Q^{\mu^*}(S_{t+1}) - Q^*(S_t, A_t) + c_t(S_t, A_t)$$
$$= F_t^*(S_t, A_t) + c_t(S_t, A_t) \tag{4-37}$$

基于假设 2，发现所有的无人机能够分享相同的全局或者局部的最优均衡决策，因此，$c_t(S_t, A_t) = \gamma[Q^\mu(S_{t+1}) - Q^{\mu^*}(S_t, A_t)]$ 可以收敛，即该动态无人机网络能够实现收敛状态。换句话说，Q^μ 能够收敛到 Q^{μ^*}。对于第四个引理，基于收缩映射理论[115]的推导见式（4-38）。

$$\mu[F_t(S_t, A_t)|F_t] = E\{[R_t + \gamma Q^\mu(S_{t+1}) - Q^*(S_t, A_t)]^2\}$$
$$= E\{[R_t + \gamma Q^\mu(S_{t+1}) - \sum_{S_t, A_t} Q^*]^2\}$$
$$= \mu[R_t + \gamma Q^\mu(S_{t+1})|F]$$
$$\leq K(1 + \|H_t\|_d^2) \tag{4-38}$$

上述推导证明了引理的所有条件都可满足，进而使得 H_t 收敛到 0。Q 函数 Q^μ 能够收敛到 Q^*，于是该算法能够实现收敛。∎

4.4.4 算法复杂度的分析与验证

本小节从四个部分讨论了算法的复杂度。首先，使用的轨迹预测算法的复杂度可以表示为 $O(n^2)$，其中，n 表示迭代的次数。其次，基于邻居协同机制的算法复杂度可以计算为 $O(I^2 d)$，其中，I 是神经网络训练下的迭代轮数，d 是向量 $\boldsymbol{h}_{i,j}$ 的维度。基于远程协同追踪算法的复杂度可以计算为 $\max\{O(\frac{V_c^2}{2} - \frac{1}{2} + E_c), O(n^2 I^2 d)\}$。最后，基于感通资源协同调度的追踪算法的计算复杂度是 $O(BT)$，其中，B 是算法 4-2 中产生的迭代次数，T 是时间轮数。基于此，整个算法的计算复杂度可以计算为 $O(BT)\max\{O(\frac{V_c^2}{2} - \frac{1}{2} + E_c), O(n^2 I^2 d)\}$。因为无人机选择部分邻居，而不是选择所有邻居执行协同追踪，因此，该算法的复杂度要低于传统的深度强化学习算法。本小节同时给出了该算法复杂度上界的证明。

引理4.4 该算法复杂度的上界可以计算为 $O(BT)\max\left\{O\left(\dfrac{V_c^2}{2}-\dfrac{1}{2}+E_c\right)\right.$,

$\left.O(n^2 I^2 d)\right\}$。

证明：本小节从以下四个方面证明该 MTT-UAVs 系统的复杂度：

（1）基于 EKF 的非线性轨迹预测；

（2）邻居协同；

（3）远程协同；

（4）基于 DT 赋能的感通资源协同调度。

本章使用的 EKF 算法包括预测和更新两个阶段。基于推导的转换矩阵 $\boldsymbol{F}$，预测阶段的时间复杂度为 $O(1)$ [116]。在更新阶段，建立的逆矩阵 $\boldsymbol{M} = \begin{pmatrix} \boldsymbol{A} & \boldsymbol{B} \\ \boldsymbol{C} & \boldsymbol{D} \end{pmatrix}$，其中，$\boldsymbol{A}$、$\boldsymbol{B}$、$\boldsymbol{C}$、$\boldsymbol{D}$ 是矩阵块。

引理4.5 让 $\boldsymbol{A}$ 和 $\boldsymbol{D}$ 分别表示方形矩阵和逆矩阵，矩阵的大小分别为 $n_A \times n_A$ 和 $n_D \times n_D$。$\boldsymbol{B}$ 和 $\boldsymbol{C}$ 分别是 $n_A \times n_D$ 和 $n_D \times n_A$ 的矩阵。

$$\boldsymbol{D}^{-1}\boldsymbol{C}(\boldsymbol{A}-\boldsymbol{B}\boldsymbol{D}^{-1}\boldsymbol{C})^{-1}=(\boldsymbol{D}-\boldsymbol{C}\boldsymbol{A}^{-1}\boldsymbol{B})^{-1}\boldsymbol{C}\boldsymbol{A}^{-1} \tag{4-39}$$

其中，$\boldsymbol{X}^{-1}$ 表示 $\boldsymbol{X}$ 的逆矩阵。

基于引理4.5，得到如下推导，见式（4-40）。

$$(\boldsymbol{A}-\boldsymbol{B}\boldsymbol{D}^{-1}\boldsymbol{C})^{-1}\boldsymbol{B}\boldsymbol{D}^{-1}=\boldsymbol{A}^{-1}\boldsymbol{B}(\boldsymbol{D}-\boldsymbol{C}\boldsymbol{A}^{-1}\boldsymbol{B})^{-1} \tag{4-40}$$

使用引理4.5，能够将方差矩阵 $\boldsymbol{S}_{t+1}=\boldsymbol{P}_t+\boldsymbol{H}_{t+1}\boldsymbol{P}_{t+1|t}\boldsymbol{H}_{t+1}^T$ 转换，见式（4-41）。

$$\boldsymbol{S}_{t+1}^{-1}=\boldsymbol{P}_t^{-1}-\boldsymbol{P}_t^{-1}\boldsymbol{H}_{t+1}(\boldsymbol{P}_{t+1|t}^{-1}+\boldsymbol{H}_{t+1}\boldsymbol{P}_t^{-1}\boldsymbol{H}_{t+1}^T)^{-1}\boldsymbol{H}_{t+1}^T\boldsymbol{P}_t^{-1} \tag{4-41}$$

使用离线的计算方法能够轻易计算该方差矩阵，并且 $\boldsymbol{P}_{t+1|t}$ 的维度低。因此，该预测算法的计算复杂度主要集中于计算协方差矩阵，该计算复杂度可以表示为 $O(n^2)$。

一方面，考虑邻居协同行为，本小节使用了一种基于注意力机制，实时地探索最优的邻居。与传统注意力算法不同，本小节仅使用了编码-解码操作。在这种情况下，特征空间转换操作 $\boldsymbol{h}_{i,j}$ 导致了主要的计算复杂度。该计算复杂度可以近似表示为 $O(I^2 d)$ [117]。

另一方面，本小节提出了两种机制来实现远程的协同追踪。当无人机的感知范围大于通信范围时，本小节使用最短路算法去探索合适的远程协同者。对于该算法，在最坏的条件 $V_c - 1$ 下，从U中轮询合适的远程协同者。探索次数 V_{total} 见式(4-42)。

$$V_{\text{total}} = (V_c - 1) + (V_c - 2) + \cdots + 2 + 1 = \frac{V_c^2}{2} - \frac{1}{2} \qquad (4\text{-}42)$$

在此基础上，本小节需要动态更新物理距离 $d_{i,j}$，整体计算复杂度可以计算为 $O\left(\dfrac{V_c^2}{2} - \dfrac{1}{2} + E_c\right)$。当无人机的通信范围大于感知范围时，在轨迹预测阶段需要产生 $O(n^2)$ 的计算复杂度。并且，邻居选择操作会造成 $O(I^2 d)$ 的计算复杂度。基于此，该系统的计算复杂度上界可以定义为 $\max\left\{O\left(\dfrac{V_c^2}{2} - \dfrac{1}{2} + E_c\right), O(n^2 I^2 d)\right\}$。

考虑基于感通资源协同调度的分布式追踪算法，本小节假设初始化回放池的时间为 t_0，行为值函数的初始化时间为 t_1，算法4-2的迭代轮数表示为 B。所有迭代轮数所消耗时间为 t_2，一轮平均消耗时间为 t_3。基于此，时间复杂度见式(4-43)。

$$\begin{aligned} O(\text{episode}，\ t) &= t_0 + t_1 + (t_2 B + t_3) T \\ &= t_0 + t_1 + t_2 BT + t_3 T \end{aligned} \qquad (4\text{-}43)$$

因此，计算复杂度可以整理为 $O(BT)$。整个 MTT-UAVs 系统的计算复杂度上界表示为 $O(BT) \max\left\{O\left(\dfrac{V_c^2}{2} - \dfrac{1}{2} + E_c\right), O(n^2 I^2 d)\right\}$。 ■

4.5 实验验证评估

本节在真实环境执行信息采集，通过系统性的模拟对该策略进行了评估，以验证该策略的有效性。

4.5.1 数据采集

本节首先搭建了一个数据采集系统，采集信息可以分为以下四部分。

（1）视觉传感器观测邻居和目标的信息。

（2）UWB 传感器获取目标和邻居的速度信息。

（3）摄像头和视觉传感器使用轻量化的 YOLO V5 框架获取目标的姿态信息。

（4）DJI pilot APP 随机规划目标的移动轨迹。

无人机使用机载传感器，获取邻居和目标的移动状态信息。图 4-6 给出了无人机使用的所有异构传感器。摄像头和视觉传感器用来捕捉目标，超声波和 UWB 传感器用来获取目标的位置和速度信息，姿态传感器能够实时地评估无人机的飞行姿态，传感器能够基于串口协议将这些信息传送到无人机的 Manifold 处。图 4-7 给出了在 Manifold 上的数据处理过程。图 4-8 展示了 MTT-UAVs 数据采集系统。本节结合实测数据和仿真数据，采用离线训练的方式获取强化学习模型，服务中规模追踪场景。

图 4-6　无人机使用的
所有异构传感器

图 4-7　数据处理过程

图 4-8　MTT-UAVs 数据采集系统

在系统仿真环境中，设置无人机和目标的活动区域为 3 km×3 km。无人机采用离线学习方法，在 Manifold 中使用 Python 和 Pytorch 框架执行数据的训练与追踪推演过程[118]。其中，Manifold 运用 YOLO V5 框架来检测和识别需要追踪的目标。本节选择了几种代表性的算法进行对比分析。

（1）深度强化学习的通信机制（DRL）[119]：该算法基于双注意力模型使能无人机之间的高效通信，降低信息的冗余。

（2）感通一体算法（ISAC）[120]：该算法通过整合感知和通信资源，自适应调整雷达传感器的天线阵列。

（3）强化学习算法（DDPG）[121]：该算法使用一种集中式训练、分布式执行的方式，协调无人机追踪目标。

（4）非协同机制：该算法与提出算法相比，缺少了远程协同追踪的考虑。

（5）深度 Q 学习的通信机制（deep Q-network）[122]：该算法利用深度 Q 网络框架，训练并学习通信协议，确保无人机之间可靠的数据传输。

本节采用了学习回报、通信能耗、感知表现、系统时延开销和成功追踪率指标，评估该策略的有效性。其中，学习回报、系统时延开销和成功追踪率指标如第三章所示。通信能耗和感知表现指标如下。

（1）通信能耗：该指标用来评估无人机在执行协同追踪的过程中，无人机群交换信息所消耗的能量。

（2）感知表现：与追踪成功率不同，该指标表示在单位追踪时间内，无人机群感知到的目标数量与该监测区域内的所有移动目标的比值。

表4-1给出了第四章主要的实验参数[123]。

表4-1　第四章主要的实验参数

参数	值
无人机的数量	［5，30］
移动目标的数量	［10，60］
无人机的最大追踪速度	56 km/h
目标的平局移动速度范围	［32 km/h，90 km/h］
MTT区域面积	3 000 m×3 000 m
无人机的倾斜角	［－130°，＋40°］
每架无人机的天线数量	4
学习速率	［0.001，0.009］
传输功率	［60 mW，80 mW］
通信带宽	［50 MHz，100 MHz］
无人机之间的最小安全飞行距离	3 m
无人机平均感知速率	1 MByte/s
无人机水平感知距离	［0 m，30 m］
高斯白噪声	－96 dBm/Hz
系统可接受的最高追踪时延 $t_{i,max}$	1.5 s

4.5.2 系统评估分析

本小节分别给出了定量和定性的系统评估分析,具体分析指标如下。

4.5.2.1 获取的学习回报分析

基于 4.4 节给出的算法,本小节首先验证了神经网络的学习表现。具体来说,学习速率 l、折扣因子 γ 和采样空间 b_s 一同决定了回报函数 R_i。见表 4-1 所列,l 可以在 0.001 到 0.009 之间调整。本小节设置最小探索步长为 0.000 5。不同于传统的超参设置方法,该算法可以使用式(4-28)来动态更新 γ。当无人机关联到其他目标时,该 γ 值会随之降低。这种动态的参数更新操作能够帮助无人机在训练的过程中提高数据的非关联性,以获取最优的学习表现,其中,b_s 设置为 512。

图 4-9 至图 4-14 给出了不同数量的无人机和移动目标情况下的学习表现。从收敛速度和收敛时间两个维度分析,本章提出的策略能够明显地优于其他的算法。

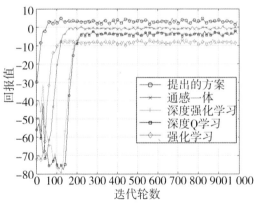

图 4-9　5 架 UAV 追踪 10 个目标

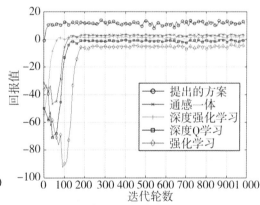

图 4-10　10 架 UAV 追踪 20 个目标

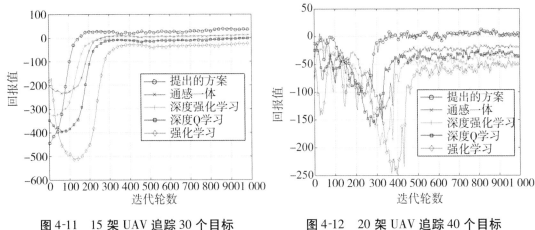

图 4-11　15 架 UAV 追踪 30 个目标　　　图 4-12　20 架 UAV 追踪 40 个目标

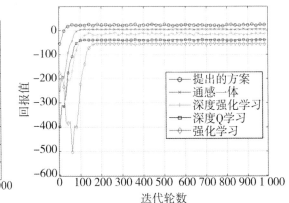

图 4-13　25 架 UAV 追踪 50 个目标　　　图 4-14　30 架 UAV 追踪 60 个目标

一方面，该策略获取到了最高的回报值和高鲁棒性的表现，这确保了通信的有效性，从而实现协同的多目标追踪表现。另一方面，这种快速的收敛表现揭示了本章设计的轻量化 DT 模型在追踪的实时性上是有效的。反观来看，由于实际场景中不确定的传输干扰和有限的感知范围，任意两个邻居之间无法保证通信的质量，因此，强化学习算法展示出了最坏的学习表现。从数值上来看，相比较其他算法，该策略在学习表现上能够平均提高 11.5%。

4.5.2.2　通信能耗和感知分析

式(4-13)给出了平均通信能耗的计算过程。考虑任意两个无人机之间的传输概率的一致性，式(4-13)中的 $q_{i,j}$ 设置为 $[8\ \text{MB},\ 10\ \text{MB}]$。基于 IEEE 802.11 协议设定的最大重传次数，最大通信能耗见式(4-44)。

$$E_{i,j}^c = 8 \times 10^6 \text{ bits} \times 0.08 \text{ w} \times 10^{-5} \text{ s} = 6.4 \text{ J} \qquad (4\text{-}44)$$

实验测试证明，该策略能够基于提出的感通协同调度机制降低系统的通信能耗。相似地，使用相同的 $q_{i,j}$，该策略也能够降低式(4-14)建立的传输时延。式(4-6)给出了感知表现的计算过程，此处设置 $\varpi = 0.8$。当无人机群的学习表现法到达收敛状态时，能够获取目标感知的数量。

为了评估无人机群的通信表现，图 4-15 给出了在不同无人机数量下的通信能耗的变化。在追踪 30 个移动目标的前提下，无人机的通信能耗都在随着其数量的增加而增加。该能耗增加的原因在于随着无人机数量的增加，无人机之间交换信息的频率会随之增加，进而导致通信能耗的增加。但是相比于其他的算法，本章提出的策略基于设计的注意力机制模型，能够明显地降低通信能耗的增长速度。该模型能够选择位于合适空域的邻居执行协同追踪。该策略相比于 DRL 算法(深度强化学习算法)，能够降低大约 66.7% 的通信能耗。

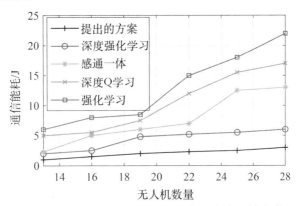

图 4-15　在不同无人机数量下的通信能耗的变化

如图 4-16 所示，本小节也分析了在不同目标数量下的通信能耗的变化。在给定的 20 架无人机作为追踪者的前提下，所有算法的通信能耗都在随着目标数量的增加而增加。但是本章算法的增长率是最低的，这归功于无人机能够在不同数量的无人机场景中，仍然能够选择合适的邻居执行信息交换。该策略相比于深度强化学习算法、感通一体算法、深度 Q 学习算法和强化学习算法，能够分别降低 67.0% 、71.4% 、77.8% 、80.7% 的通信能耗。

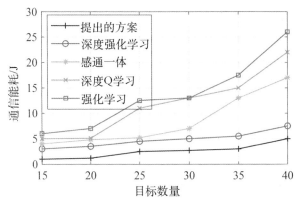

图 4-16　在不同目标数量下的通信能耗的变化

图 4-17 给出了在不同无人机速度下的通信能耗的变化。初始设置 25 架无人机作为追踪者，部署 50 个移动目标，其平均速度为 56 km/h。一方面，从图 4-17 中可以看出，随着无人机平均速度的增加，其执行远程协同招募的任务随之降低，通信能耗也随之降低；另一方面，当无人机速度明显低于目标的移动速度时，本章策略仍然能够实现一种低通信能耗的追踪表现。这揭示了 DT 模型能自适应地预测动态的 MTT-UAVs 系统。相比于 ISAC 算法，该策略能够降低 81.25% 的通信能耗。

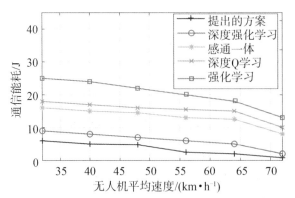

图 4-17　在不同无人机速度下的通信能耗的变化

接下来，基于式(4-6)建立的感知表现模型，图 4-18 给出了在 20 架无人机追踪 40 个移动目标场景下的感知表现。随着迭代次数的增加，整体来看，其感知表现能够随之增加。本章策略通过使能无人机群调整它们的感知姿态，在稳定收敛的基础上，实现了高精度的感知表现。反观强化学习算法，能够实现可扩展的目标感知能力，但是该算法由于频繁的信息交换操作，导致了额外的通信能耗。本章策略通过对感知和通信资源的联合考虑，对比 ISAC 算法（感通一体算法），实现了更加精确的目标感知。

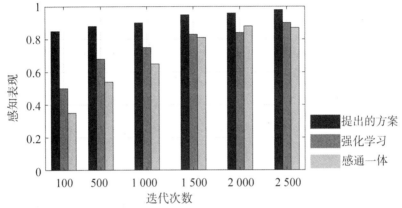

图 4-18　在 20 架无人机追踪 40 个移动目标场景下的感知表现

此外，图 4-19 提供了在目标数量可变条件下的感知表现分析。基于固定的 30 架无人机，其感知表现在目标数量增加的条件下，在一定的范围内保持着稳定。这证明了轻量化的 DT 模型能够使能无人机群在应对动态变化的目标下，实现动态的感知。具体来说，该轻量化 DT 模型并不是使能无人机收集所有的 MTT 环境信息，而是使用注意力机制仅获取感知目标和邻居的信息。这种操作能够明显降低 DT 的计算复杂度，并且允许无人机实时地调整感知姿态，实现有效的目标感知。相比于最优的强化学习算法，该轻量化的 DT 系统能够帮助 MTT-UAVs 系统平均提升 20% 的感知表现。

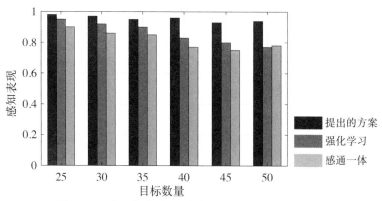

图4-19 在目标数量可变条件下的感知表现分析

4.5.2.3 时延开销和成功追踪率分析

式(4-7)给出了具体的成功追踪率的计算过程。基于远程协同机制的帮助，无人机群可能在不同时刻内捕捉到移动的目标，因此该指标往往要高于感知表现的指标。

图4-20是在不同无人机数量下的平均时延开销的变化。随着无人机数量的增加，系统时延也在随之增加。其中，深度强化学习方案采用了和本策略相同的算法框架。可以看出，本策略基于数字孪生的帮助，通过精确预测目标的移动轨迹，推演无人机的追踪路径，来调度合适数量的无人机，执行实时的协同追踪。与深度强化学习算法相比，本策略能够降低50.3%的信息交换时延。这也验证了数字孪生可以帮助无人机实现更低时延的协同追踪表现。以ISAC算法为例，虽然该算法能够通过调整天线的波束来优化通信的表现，但是由于数据收集的冗余性，其系统时延开销仍会增加。本章的策略不仅能够实现自适应的波束调整，而且还能有效降低冗余数据的交换。相比于深度强化学习算法、感通一体算法、深度Q学习算法和强化学习算法，该策略能够分别降低72.2%、80.9%、85.7%、87.2%的时延开销。

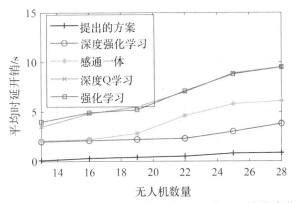

图 4-20　在不同无人机数量下的平均时延开销的变化

图 4-21 比较了在不同目标数量下的平均时延开销的变化。无人机数量初始设置为 20 架，本策略采用了与深度强化学习方案相同的算法框架。可以看出，本策略基于数字孪生的帮助，通过精确预测目标的移动轨迹，推演无人机的追踪路径，来调度合适数量的无人机，执行实时的协同追踪。与深度强化学习算法相比，本策略能够降低 50.3% 的信息交换时延。这也验证了数字孪生可以实现更低时延的协同追踪表现。相比于其他三种算法，本算法的时延开销的增长速率表现最慢，能够实现一种低时延开销的通信表现。因此，基于数字孪生的精确轨迹预测算法，无人机总是能够选择合适数量的邻居无人机，执行协同追踪。此外，无人机总是能够动态调整天线的波束，合理调度通信资源，实现与协同者之间低时延的信息交换。该策略相比于感通一体算法、深度 Q 学习算法和强化学习算法，信息交换时延能够分别降低 75.0%、82.1%、83.3%。

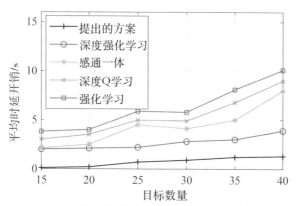

图 4-21　在不同目标数量下的平均时延开销的变化

基于相同的系统参数，图 4-22 比较了在不同无人机速度下的平均时延开销的变化。从图 4-22 中可以看出，随着无人机速度的增加，时延开销随之降低。本章策略相比于其他的算法，实现了低时延的追踪表现。具体来说，当无人机速度在 32 km/h 且目标速度在 56 km/h 时，其时延开销大约为 1.5 s。在这种情况下，该策略能够确保实时的邻居发现和信息交换，实现深度协同追踪。与此同时，远程协同追踪策略也能够帮助无人机通过向远处无人机递交目标信息，实现远程的协同。该策略相比于 DRL 算法和 DQL 算法(深度 Q 学习算法)，分别降低了 66.7%、77.9% 的时延开销。

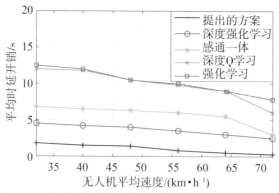

图 4-22　在不同无人机速度下的平均时延开销的变化

设置与图 4-18 相同的系统参数，图 4-23 基于式(4-7)给出的成功追踪率模型，分析了在不同目标速度下的成功追踪率情况。从图 4-23 中可以看出，该策略能够始终保持 90% 以上的成功追踪率。因此，无人机使用本章设计的数字孪生策略，能够选择合适的邻居无人机，执行协同的目标追踪。此外，该数字孪生模型给出的优化路由决策，能够帮助无人机邀请远程协同者，飞行到恰当的空域，协同追踪高速移动目标，实现精确的多目标追踪。相比于非协同机制和强化学习算法，该策略分别提高了 21.0% 和 26.3% 的成功追踪率。

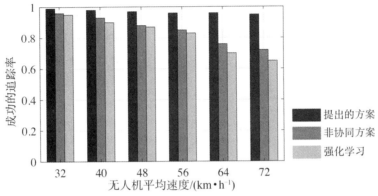

图 4-23　在不同目标速度下的成功追踪率的变化

最后，图 4-24 给出了在不同目标数量下的成功追踪率的变化。数据显示，该策略设计的 DT 模型能够在给定的 MTT 区域中实现精确的多目标追踪。在部署速度为 32 km/h 的 25 架无人机情况下，该策略能够始终保持 90% 以上的成功追踪率。这归功于轻量化的 DT 模型能够远程指导无人机执行提前的追踪等待操作。在追踪高度移动的目标时，相比于非协同机制和强化学习算法，该策略分别提高了 7.6% 和 29.3% 的成功追踪率。

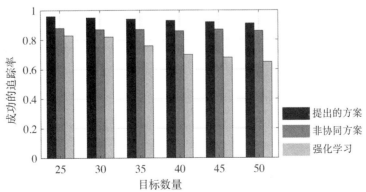

图 4-24　在不同目标数量下的成功追踪率的变化

基于图 4-23 和图 4-24 的分析结果，本小节进一步讨论了无人机和目标数量之间的关系。在高达 96% 的成功追踪率指标下，速度为 32 km/h 的 25 架无人机能够在 1.5 s 系统时延需求下，实现对速度为 56 km/h 的 25 个移动目标的高成功追踪率。如果 MTT-UAVs 场景能够容忍更低的成功追踪率，该系统能够提供追踪更多移动目标的服务。理论分析表明，无人机能够在保证 91.5% 成功追踪率的条件下，实现追踪高达 50 个移动的目标。在这种情况下，可以通过动态调整系统指标，包括系统响应时延、成功追踪率和无人机的移动速度等，来扩展该系统服务于其他 MTT 追踪场景。

4.5.3 指标分析和讨论

在对该 MTT-UAVs 系统进行分析的过程中，目标的数量和目标的密度对追踪表现起着重要的作用。不同数量和不同密度的目标会影响追踪系统的指标，如系统的执行时间和成功追踪率。本小节具体分析了三个重要的追踪指标，来评估目标数量和密度带来的影响，即系统响应时间、系统处理能力和系统误差比。

系统响应时间作为一个重要的 MTT-UAVs 系统指标，能够反映该算法的实际性能。该指标包含感知时间、数据处理时间、无人机之间的通信时间和追踪决策时间。需要注意的是，数据训练过程是基于离线的方式实现的，因此不考虑该时间。上述实验结果表明，该追踪系统在目标数量和密度都变化的情况下，算法的执行时间总是小于 1.5 s。此外，当目标的数量高于无人机数量时，其系统响应时间也是相对稳定的。换句话说，该系统能够确保在高负荷任务的挑战下实现实时的追踪表现。

本小节在 MTT-UAVs 系统超负荷的情况下也分析了系统处理能力指标，以测试该算法的有效性。该指标能够建立为 $1/RT^{[124]}$，其中，RT 表示系统的响应时间。由于无人机设备硬件的不可扩展性，本小节主要关注软件处理能力。基于测试的结果，在满足系统追踪时延的情况下，该系统理论上能够在每平方米 55.6 个移动目标的密度下，实现追踪 500 个移动目标的需求。该系统相比于 ISAC 算法，能够提升大约 81.25% 的系统处理能力。

考虑系统的稳定性，本小节使用超时比来反映系统误差比指标。超时比能够反映追踪的有效性，其指标等同于成功追踪率指标。实验测试结果证明，本章设计的系统能够在目标数量超过无人机数量两倍的情况下，实现高达 90% 以上的成功追踪率。上述测试结果也说明了速度为 56 km/h 的 20 架无人机能够实现对 72 km/h 的 40 个移动目标的精确追踪，同时也保证了 95% 的成功追踪率。因此，该系统能够在中规模的追踪场景中，提供精确和实时的追踪表现。

本小节也实际测试了该 MTT-UAVs 系统，在校园中部署了 3 架无人机和 1 个目标。首先通过传感器收集目标的移动轨迹和环境信息。设定感知和通信范围都是半径为 30 m 的圆，设定飞行高度为 50 m。无人机使用 Wi-Fi 在局域网(local area network，LAN)内和邻居进行通信。无人机能够调整自身的姿态去检测目标和邻居的状态。当无人机监测到该目标时，Manifold 计算机计算无人机与目标之间的物理距离和位置。通过陀螺仪的信息来优化自身的感知角度，当无人机与目标之间的物理距离大于设定的 25 m 的阈值时，无人机会朝着目标方向执行追踪动作。

此外，无人机使用 socket 通信机制将目标轨迹的预测结果传输给邻居无人机。socket 通信利用 IP 和端口号的设计，能够在传输控制协议(transmission control protocol，TCP)层将数据递交给邻居。当目标的移动速度很快时，邻居也会将该信息递交给远程无人机。在此过程中，基于对电池电量的评估，无人机产生了 6.2 J 的通信能耗，与此同时，在 1.3 s 的时间内完成了 MTT 过程。然而，确保安全的无人机飞行和可靠的通信是非常困难的，为了解决这个问题，无人机可以同时装备多个雷达传感器，以实时获取无人机和目标之间的物理距离。

对于 MTT-UAVs 系统来说，数据驱动和模型驱动的方法能够高度扩展该感通协同调度的追踪系统。相反，传统的通信主要关注模型驱动的解决方案。这种方案严重依赖于数据集，在实际场景中，获取完备的数据集是不可能实现的，因此，会导致通信能耗明显地增加。基于此，本章提供了一种感知和通信资源整合的方案，该方案能够使能无人机群实现协同的高可靠追踪表现。

4.6 本章小结

本章提出了一种数字孪生赋能的感知通信资源协同调度方案，该 DT 能够使能无人机群有效地整合感知和通信资源，以确保在实际场景中达到高效的追踪效果。基于该通信资源的优化，本章随后提出了一种基于 DT 的感通协同调度算法。该算法实现了对速度差异化目标的精确追踪。具体来说，无人机能够利用定制化的 DT 模型协调合适的邻居和远程无人机执行低通信开销的协同追踪，有效降低无人机之间的频繁信息交换带来的高通信开销。该系统分别优于其他算法 20% 和 23.7% 的感知表现和成功追踪率。然而，在大规模追踪场景中，目标的数量会动态变化，该分布式数字孪生方案很难为该类场景构建精确和实时的目标映射。基于此，下一章将按照本章的数字孪生设计思路，对现有数字孪生系统进行优化，设计适用于大规模追踪场景的数字孪生系统，以保障协同追踪的低时延和高成功追踪率。

第五章

基于分层数字孪生的无人机群协同追踪策略

当追踪场景规模扩展时，分布式数字孪生解决方案难以实现低时延的追踪共识，因此很难将其沿用至大规模追踪场景。此外，数字孪生的高计算复杂度为数量、速度和轨迹动态变化的目标提供实时追踪保障。为解决该问题，本章设计一种基于分层数字孪生的无人机群协同追踪策略。该策略采用双粒度数字孪生模式，有效降低计算复杂度，其主要内容包括分层数字孪生系统模型设计、分层数字孪生模型建立、基于分层数字孪生的协同追踪算法设计和实验验证评估。

5.1 引言

云服务器有能力提供丰富的计算资源，但是基于云计算的集中式数字孪生方案难以实时输出协同追踪决策[125]。不仅如此，可变的目标数量与无人机群的感知和通信资源的调度紧密相关，以保障目标的精确观测与协同追踪。因此，感知、计算和通信资源的联合调度才可能满足大规模场景下目标追踪的需求。

本章围绕高成功追踪率和低时延的目标，以感知、通信和计算资源联合优化为主线，提出了一种基于分层数字孪生的协同追踪策略。不同于第四章设计的分布式数字孪生模式，该策略采用双粒度的数字孪生模式，实现低时延且高成功率的协同追踪。该系统的云服务首先构建一种目标和无人机子群之间粗粒度的映射。通过预测和推演无人机和目标之间的位置关系，将无人机群分成多个子群，分别关联追踪恰当的移动目标。在此基础上，每个子群群首基于无人机的感知姿态、移动速度和轨迹，实现一种本子群与目标间细粒度的映射。通过推演无人机之间的位置关系，调度适量的无人机参与协同追踪，并优化其追踪路径，实现对目标实时和精确的协同追踪。

5.2 基于分层数字孪生的协同追踪系统模型

基于分层数字孪生的协同追踪系统模型如图 5-1 所示，为了保证空运口岸的安全，部署在基站侧的云服务器能够向 M 架无人机下发周期性巡逻指令，监测和追踪偷渡的移动目标，使用集合 $\mathcal{M} = \{1, 2, \cdots, M\}$ 表示无人机群的索引，使用集合 $\mathcal{K} = \{1, 2, \cdots, K\}$ 表示移动目标的索引。基于云服务器宏观视角的优势，本节使能云服务器表现一种宏观的粗粒度 DT 映射。该映射能够使用无人机群的拓扑信息和目标轨迹信息，将无人机分解成多个子群，每个子群关联合适的移动目标执行追踪行为。该方式也能动态地调整无人机的关联决策去保证协同追踪的实时性。为了保障高成功追踪率，每个子群自适应选择对应的子群首，该群首能够基于移动目标的速度和姿态，执行一种细粒度的 DT 映射操作。另外，当物理环境存在明显的通信干扰，导致云服务和无人机之间的通信不可靠时，无人机群能够使用本章提出的分布式群体分解算法，替代云服务器执行粗粒度的 DT 映射。表 5-1 列出了第五章的主要数学符号描述。该系统主要从以下三个方面进行阐述：信息收集和信息传输、数据处理和轨迹预测和追踪推演。

表 5-1　第五章的主要数学符号描述

参数	描述
$\mathcal{M}$	无人机集合
$\mathcal{K}$	移动目标集合
$P_{i,k}$	UAV_i 感知目标 k 的成功感知比
$r_{i,j}$	UAV_i 和 UAV_j 之间的传输速率
h_i	UAV_i 的特征信息
$d_{\max}^P$	可接受的最大预测误差
$E_{\max}$	无人机群的总能量
$d_{i,j}$	UAV_i 和 UAV_j 之间的物理距离
$\mathcal{J}$	成功追踪率

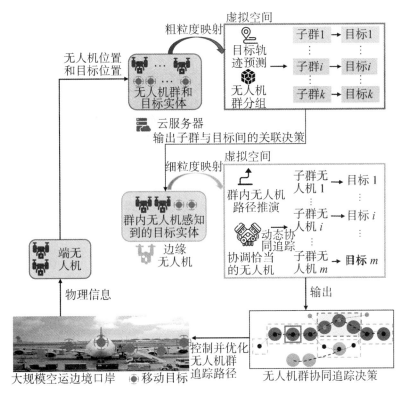

图 5-1　基于分层数字孪生的协同追踪系统模型

（1）信息收集和信息传输。

为了保证实时的信息收集操作，受清华大学 Jun Du 等人的工作启发[126]，提出了一种协同数据收集和信息交换方法。该方法能够允许无人机利用自身的感知资源，获取异构的目标信息，包括目标的数量、移动的姿态、目标的形态和移动的速度信息。它也能够整合无人机的计算和通信资源，通过考虑功率控制和信道增益因素提高无人机之间的通信质量。除此之外，无人机能够使用该方法，选择合适的邻居无人机顺利地执行信息交换操作。在接收到交换的信息后，邻居无人机能够发送轻量化的反馈信息。无人机能够使用该反馈信息评估和优化信息交换的表现。见式（5-1），使用概率 $P_{i,k}$ 表示无人机 i 使用 q 个异构传感器，感知 k 个移动目标的成功感知率[127]。

$$P_{i,k}(d_{i,k}|q) = 1 - (1 - \mathrm{e}^{-bd_{i,k}})^q \geq P_{\min} \tag{5-1}$$

其中，b 表示传感器的感知参数，一般设置为 1.1；$d_{i,k}$ 是无人机 i 和目标 k 之间的物理距离；设定 $P_{\min}$ 为可接受的最低成功感知率。

式（5-1）能够确保无人机有效地调度感知资源，收集完备的目标信息。基于式（5-1），无人机 i 和目标 k 之间的最长物理距离 $d_{i,k,\max}$ 的推导见式（5-2）。

$$d_{i,k,\max} = \frac{-\ln\left(1 - \sqrt[q]{1 - P_{\min}}\right)}{b} \tag{5-2}$$

无人机能够调整它们的地理位置，在使用 UWB 和超声波传感器执行信息感知任务时，保证无人机与目标之间的物理距离小于 $d_{i,k,\max}$。由于不同传感器存在不同的信息感知速率，当异构传感器同时使能时，其感知时延见式（5-3）。

$$t_{i,k}^s = \max_w \frac{q_{i,k}^w}{\lambda_w} \tag{5-3}$$

其中，λ_w 是传感器 w 的感知速率；$q_{i,k}^w$ 是传感器 w 感知目标 k 时获取到的感知数据量（bytes），其传输时延见式（5-4）。

$$t_i^c = \frac{\sum_{w=1}^W q_{i,k}^w}{r_i} \tag{5-4}$$

任意无人机之间的信息交换的传输速率 $r_{i,j}$ 见式(5-5)[108]。

$$r_{i,j} = B(A)\log_2\left[1 + \frac{a_i^{f_i} P_{\text{total}} G_{\text{ma}}(c_i)\dot{e}d_{i,j}^{-\alpha}}{\dot{T} + \bar{T} + a_i^{f_i}\sigma^2}\right] \qquad (5\text{-}5)$$

其中，A 是无人机传输需要的天线数量；$B(A)$ 是信道带宽；P_{total} 是天线的所有传输功率；$\dot{T} = \sum_{l_j \in \dot{\Omega}_j} G_{\text{ma}}(c_j)L(l_j)e_j$ 是无人机 i 的波束朝着无人机 j 时接收到的干扰，其中，$L(l_j)$ 是无人机 j 在空间分布密度 l_j 下捕捉到的信道增益函数；$\bar{T} = \sum_{c_j \in \bar{\Omega}_j} G_{sj}(c_j)L(l_j)g_j$ 是无人机 i 的波束远离无人机 j 时接收到的干扰；G_{ma} 表示主波瓣的增益；$G_{sj}(c_j)$ 表示无人机 j 在空间密度 c_j 下的侧波瓣增益；G_{ma} 假设是非减的；G_{sj} 假设是非增的[109]；$\dot{\Omega}_j$ 和 $\bar{\Omega}_j$ 分别是无人机 j 在主波瓣和侧波瓣视角下的干扰；$\dot{e}$、e_j 和 g_j 分别是链路 $a_i^{f_i}$ 的小尺度衰落下的随机变量，朝着无人机 j 发射的波束链路干扰和远离无人机 j 发射的波束链路干扰；$d_{i,j} = \sqrt{(x_i - x_j)^2 + (y_i - y_j)^2 + (z_i - z_j)^2}$ 是任意两个无人机之间的物理距离；$a_i^{f_i} \in \{0, 1\}$ 是可分配的频谱 f_i 的信道索引；$\sigma \sim N(0, \delta)$ 是带有标准方差 δ 的零均值高斯变量。

在这种情况下，无人机能够使用无线技术调整 A 根天线，在复杂的核电站追踪场景中，提高数据交换速率。该有效的传输方式确保了实时的目标追踪。云服务器能够处理这种异构的物理数据，基于对移动目标信息的分析，将无人机群解耦成多个无人机子群，以获取无人机和目标之间的最优关联决策。

（2）数据处理和轨迹预测。

云服务器和无人机子群首能够使用轻量化的无人机属性信息表示该异构数据。在构建的虚拟空间中，在每一个时隙 t 内，无人机拓扑能够采用图形式 $G(V, E)$ 表示，其中，V 是无人机的集合，E 是任意两架无人机是否连接的集合。$E_{i,j} = 0$ 表示无人机 i 和 j 的物理距离大于或等于两者的通信距离；$E_{i,j} = 1$ 表示无人机 i 和 j 的物理距离小于两者的通信距离。使用图学习理论能够将感知到的目标信息嵌入到无人机属性集合 V 中。基于此，无人机 i 的特征向量 $\boldsymbol{h}_i$ 能够表示为 $\boldsymbol{h}_i = \{a_{i,t}, v_{i,t}, p_{i,t}, d_{i,k}, a_{k,t}, a_{k,t+1}, v_{k,t},$

$p_{k,t}\}$，其中，$a_{i,t}$、$v_{i,t}$和$p_{i,t}$分别表示为无人机i的空间位置、移动速度和飞行姿态；$d_{i,k}$表示无人机i和目标k之间的物理距离；$a_{k,t}$、$v_{k,t}$和$p_{k,t}$分别表示目标k的空间位置、移动速度和姿态；$a_{k,t+1}$是目标k在下一时隙的位置信息。对应边集合E中的边属性，$\boldsymbol{h}_{i,j}$量化为$\boldsymbol{h}_{i,j}=\{d_{i,j}, I_{i,j}\}$，其中，$I_{i,j}$是一个指示符，当无人机$i$和$j$同时感知到目标$k$时，$I_{i,j}=1$，否则$I_{i,j}=0$。

基于获取到的目标属性信息，提出了一种基于图学习的群体分解算法，以实现高效地关联动态的目标，具体算法将在5.4节给出。随后，本章引入了一种无迹滤波（unscented filter，UF）算法去评估和预测目标移动的状态。该算法能够避免频繁的信息收集，通过预测的方式来保证MTT-UAVs系统的实时追踪需求，该算法的描述将在5.3节中详细讨论。

（3）追踪推演。

无人机子群首能够预测高速移动的目标去执行精确的协同追踪。当目标逃离该子群首的管理区域时，粗粒度的DT模型能够选择合适的无人机执行轻量化的再分解操作，保证高成功追踪率。本章设计了一种反应式扩散的方法，该方法仅使用目标信息即可保证细粒度DT映射的执行。无人机通过信息交换的操作，将轨迹预测结果和周围一跳邻居共享，来实现最优的协同目标追踪。该方法也能够降低了协同执行的时间，确保目标追踪的实时性。

5.3 分层数字孪生模型分析

本节建立了多目标追踪无人机网络（MTT-UAVs）优化模型。该模型在无人机功率分配、能量消耗和感知表现的约束下，保障了低时延和精确的协同追踪。

5.3.1　系统时延和目标轨迹预测分析

本小节首先使用式(5-5)，建立了目标感知和无人机信息交换所产生的时延约束模型，见式(5-6)。

$$\sum_{k=1}^{K} t_{i,k}^{s} + t_{i}^{c} \leqslant t_{i,\max} \tag{5-6}$$

其中，$t_{i,\max}$ 是提供给无人机感知和通信的最大可接受时延。

该约束模型确保了无人机群在虚拟世界中，执行实时的目标感知和低时延的信息交换操作，为在物理世界中的协同追踪提供了基础。

边缘服务器基于感知到的目标信息，构建细粒度的虚拟空间，并预测和推演目标的移动状态，考虑目标移动的随机性，目标 k 的移动模型见式(5-7)。

$$x_k(t+1) = f_k[t, x_k(t), v(t)] \tag{5-7}$$

该移动模型可以通过移动评估模型 $z_k(t) = h_k[t, x(t), w(t)]$ 来调整移动模型的参数，更好地刻画目标的实际运动轨迹，其中，$x_k(t)$ 是目标 k 的位置坐标；$v(t)$ 和 $w(t)$ 分别是服从高斯分布的不同均值噪声；$f_k[t, x_k(t), v(t)]$ 是状态转换向量。使用 $\dot{x}_k(t)|_{x_k(t)}$ 和 $P_k(t)$ 分别表示状态评估向量和协方差矩阵。基于数字孪生系统获取到的目标移动信息，对比该模型的输出结果，可在虚拟空间调整参数 $x_k(t)$ 和 $v(t)$，提高该模型对刻画目标真实轨迹的精度，实现精确的无人机移动推演。UF 预测模型中的采样过程见式(5-8)。

$$x_k^{(i+n)}(t)\big|_{x_k(t)} = \dot{x}_k(t)\big|_{x_k(t)} - \sqrt{(n+\kappa)P_k(t)_i}\,\omega^{(i+n)} \tag{5-8}$$

其中，κ 是比例因子；$\omega^{(i+n)}$ 是第 $(i+n)$ th 个采样点的权重。

基于此，预测结果见式(5-9)。

$$\hat{x}(t+1|t) = \sum_{i=0}^{2n} \omega^{(i)} \hat{x}^{(i)}(t+1|t) \tag{5-9}$$

预测状态的协方差更新见式(5-10)。

$$P(t+1|t) = \sum_{i=0}^{2n} \omega^{(i)} [\hat{x}(t+1|t) - \hat{x}^{(i)}(t+1|t)]$$
$$\cdot [\hat{x}(t+1|t) - \hat{x}^{(i)}(t+1|t)]^T \tag{5-10}$$

采样点权重的平均值推导见式(5-11)。

$$\hat{z}(t+1|t) = \sum_{i=0}^{2n} \omega^{(i)} \hat{z}^{(i)}(t+1|t) \tag{5-11}$$

其中，$\hat{z}^{(i)}(t+1|t) = h[t+1, \hat{x}^{(i)}(t+1|t)]$；$h(\cdot)$ 是非线性评估向量。

下一时刻的评估协方差 $S(t+1)$ 见式(5-12)。

$$S(t+1) = \sum_{i=0}^{2n} \omega^{(i)} [\hat{z}(t+1|t) - \hat{z}^{(i)}(t+1|t)][\hat{z}(t+1|t) - \hat{z}^{(i)}(t+1|t)]^T \tag{5-12}$$

UF 预测系统的增益 $W(t+1)$ 推导见式(5-13)。

$$W(t+1) = \{ \sum_{i=0}^{2n} \omega^{(i)} [\hat{x}(t+1|t) - \hat{x}^{(i)}(t+1|t)]$$
$$\cdot [\hat{z}(t+1|t) - \hat{z}^{(i)}(t+1|t)] \} S(k+1)^{-1} \tag{5-13}$$

基于此，目标轨迹的最终预测结果见式(5-14)。

$$x_i^p = \hat{x}(t+1|t) + W(t+1)[z(t+1) - \hat{z}(t+1|t)] \tag{5-14}$$

该预测约束见式(5-15)。

$$\| x_i^p - x_i \| \leq d_{max}^p \tag{5-15}$$

其中，x_i 是无人机 i 的真实位置坐标；d_{max}^p 是针对不同移动速度的目标设定的最大预测误差阈值。该阈值能够帮助无人机使用式(5-8)选择合适的采样点，执行精确的轨迹预测。它也能够降低对目标的感知频率，确保实时的目标追踪。

5.3.2 优化模型建立

在考虑无人机感知和通信时延的同时，双粒度的数字孪生模式和 MTT 执行的过程也带来了附加的时延。本小节能够优化 DT 推演的数据量来降低系统的时延，另外，探索合理的追踪路径可以有效降低 MTT 的执行时延。首先通过优化无人机的飞行能耗来降低 MTT 的执行时延，其飞行时间与飞行能耗紧密关联[128]，飞行能耗模型见式(5-16)。

$$E_i^f = \int_{t-1}^{t} P_i^f(\parallel v(s) \parallel)\mathrm{d}s \tag{5-16}$$

其中，$P_i^f(\parallel v(s) \parallel)$ 是在速度 $v(s)$ 下的功率，其中，$s \in [t, t+1]$。

使用 b_i 表示 CPU 在单位时间内旋转的轮数，CPU 的总轮数可以表示为 $b_e I_e$。按照 DVFS 技术，无人机子群首 e 能够调整 CPU 的工作频率 $f_{e,u}$ 去控制该能量消耗，其中，$f_{e,u} \in (0, f_{e,\max})$；$f_{e,\max}$ 是最大的 CPU 频率。无人机计算消耗见式(5-17)。

$$E(I_e) = \sum_{u=1}^{b_e I_e} \kappa_e f_{e,u}^3 \tag{5-17}$$

其中，κ_e 是有效的性能参数，它依赖于芯片的特性。

另外，由于云服务器具有充足的计算资源，因此，本小节不考虑该情况下的数字孪生能耗。给定最大的能量消耗 $E_{\max}$，该系统能耗约束见式(5-18)。

$$\sum_e [E(I_e) + E_e^f] \leqslant E_{\max} \tag{5-18}$$

无人机和边缘服务器能够动态地调度它们的计算资源，去探索最优的资源分配方案。该优化模型建立如下。

$$P1: \quad \min\left\{ \lim_{T \to \infty} \frac{1}{T} \sum_{t=0}^{T} \left[\sum_{i=1}^{M} \sum_{k=1}^{K} (t_{i,k}^s + t_i^c + I_i) \right] \right\}, \tag{5-19}$$

$$\mathrm{s.\,t.} \begin{cases} C1: & (5\text{-}1), \ (5\text{-}15), \ (5\text{-}18), \ \forall e \in \mathcal{E} \\ C2: & d_{i,j} \geqslant d_{\min}, \ \forall i, j \in \mathcal{M} \\ C3: & r_{i,j} \geqslant r_{\min} - \forall i, j \in \mathcal{M} \end{cases}$$

其中，$C1$ 表示感知能力和系统能耗约束；$C2$ 是保证碰撞避免情况下的无人机最小飞行距离；$C3$ 是数据传输的速率约束。

该优化模型通过优化目标感知的广度、信息交换的时延和协同追踪的成功率，确保精确和实时的目标追踪。

引理 5.1　$P1$ 是一个 NP-Hard 问题。

证明：本节假设无人机群由 M 个无人机组成，在时隙 t 时刻，分成 E 个子组，$[\mathcal{X}_1, \mathcal{X}_2, \cdots, \mathcal{X}_E]$，$\sum_{i=1}^{E} \mathcal{X}_i = M$。基于式(5-18)，资源分配方案可以表示为 $[\psi_1, \psi_2, \cdots, \psi_E]$，并且 $\sum_{i=1}^{E} \psi_i \leqslant \mathcal{X}_{\max}$，其中，$\psi_i$ 和 $\mathcal{X}_E$ 分别是无人机子群 i 和无人机子群 E 可使用的资源。$\mathcal{X}_{\max}$ 是可用的最大资源。因为 ψ_i 是一个实数，所以资源分配的结果存在无限种情况。因此，最优的资

源分配方案在多项式情况下是无法获取的。

对于追踪的协同，无人机和目标之间的关联关系可以抽象为一个曲别针问题。假设无人机关联目标可以量化为一个图，由于存在多个无人机子群，因此该图中存在多个曲别针问题。在具有 $M+K$ 个顶点的图来说，至少需要求解 $\dfrac{(M+K)!}{(u+v)!\,(M+K-u-v)!}$ 个子图来获取最优解，该问题是一类典型的 NP-Hard 问题[129]。　■

5.4　基于分层数字孪生的协同追踪算法

为了求解 5.3 节建立的模型，本节提出了一种基于分层 DT 的协同追踪算法，该算法能够将这个 NP-Hard 问题解耦成两个子问题：粗粒度的 DT 和细粒度的 DT，去实现低时延和精确的协同追踪系统。

5.4.1　粗粒度的数字孪生推演

粗粒度 DT 执行示意图如图 5-2 所示。具体来说，基于无人机和目标当前的位置信息，该图学习算法能够将无人机分成多个子群，去追踪不同的目标。该过程可以分为五部分：无人机群编队、图操作、学习评估、子群首的选择和群间协同追踪。

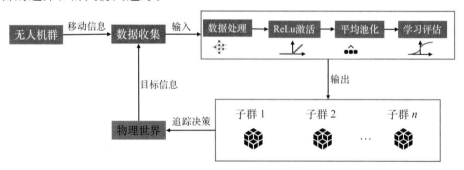

图 5-2　粗粒度 DT 执行示意图

（1）无人机群编队。基于 5.2 节的内容，构建的邻接矩阵 $A = G(V, E)$ 表示无人机之间的逻辑关系，即任意两架无人机之间是否可以彼此通信。使用移动目标的特征信息 $h_{i,j}$ 来构建矩阵 X。无人机编队使用该信息能够解构成多组无人子群，实现实时的追踪关联。

（2）图操作。按照无人机群编队信息，本小节使用一种映射函数 F 来表示无人机群分解结果，见式（5-20）。

$$Z_{out} = F(X, A) \tag{5-20}$$

其中，该映射函数 F 能够使用信息传递操作，分析无人机和目标之间的位置关系，精确输出无人机群的分解结果[130]。无人机和目标的信息能够提取并表示为 X，该信息作为图学习网络的输入信息。

使用 *ReLU* 和 *SoftMax* 激活函数来执行图卷积操作，确保最优的无人机群分解结果。本小节使用损失函数 *Loss* 来评估分解之后的结果是否合理。让 $h_i^l \in R^{\dim_l}$ 表示无人机 i 的多维度 $\dim_l$ 的隐含层向量。选择无人机 i 的所有一跳邻居执行信息传递过程，见式（5-21）。

$$h_i^{l+1} = \delta_a\left(W_0^l h_i^l + \sum_{j \in N_i} q_{i,j} W_1^{l\,T} h_j^l \right) \tag{5-21}$$

其中，δ_a 是 *ReLU* 函数；W_0 和 W_1 分别是权重矩阵；N_i 是无人机 i 的邻居集合；$q_{i,j} = \dfrac{1}{D_{i,i} D_{j,j}}$ 是归一化之后的常量，其中，$D_{i,i}$ 和 $D_{j,j}$ 分别是神经网络 i 和神经网络 j 的权重参数。

在此情况下，无人机能够按照激活函数输出的结果，选择合适的邻居，执行协同的 MTT。本小节使用一种奇异值分解方法，构建了一种两层的图网络[131]，式（5-20）能够重新表示，见式（5-22）。

$$Z_{out} = SoftMax\left[\hat{A}\,ReLU(\hat{A}XW_0) W_1 \right] \tag{5-22}$$

其中，$SoftMax(x_i) = \dfrac{e^{x_i}}{\sum_{c=1}^{C} e^{x_c}}$，$C$ 是类别次数；$\hat{A} = \hat{D}^{-\frac{1}{2}} \hat{A} \hat{D}^{-\frac{1}{2}}$；$\hat{D}$ 是 $\hat{A}$ 的特征值向量组成的矩阵；$\tilde{A} = A + I_N$，其中，I_N 是一个单位矩阵。

（3）学习评估。在深度学习应用中，获取完美的先验知识是非常困难的。因此，本小节提出了一种半监督的学习方法，该方法通过结合现有训练数据和自学习功能来确保一种高效的训练和学习表现。监督损失函数 L_1 的建立见式(5-23)。

$$L_1 = -\sum_{l \in L}^{L} \sum_{c=1}^{C} \gamma_{l,c} Z_{out}^{l,c} \tag{5-23}$$

其中，$\gamma_{l,c} = \{0, 1\}$ 是一个指数变量。非监督损失函数 L_2 的建立见式(5-24)。

$$L_2 = \sum_{i,j} A_{i,j} \| f(x_i) - f(x_j) \| = f(X)^T L_\Delta f(X) \tag{5-24}$$

其中，$f(x)$ 是一个分类函数。因此，该损失函数 $Loss$ 见式(5-25)。

$$Loss = L_1 + \lambda L_2 \tag{5-25}$$

其中，λ 是一个超参数。本小节能够调整该参数，来指导该学习过程朝着最小化损失的方向探索。这意味着无人机群能够获取一个满意的无人机群分解结果。

（4）子群首的选择。对于每一个无人机子群，云服务器能够在集中式模式下选择合适的无人机子群首。具体来说，处于该子群中心位置的无人机优先作为子群首。如果没有无人机飞行于中心位置，则最靠近中心位置的无人机被选为子群首。选择的子群首去执行接下来的细粒度推演任务。当物理环境处于极端恶劣条件下时，无人机群能够基于图操作和学习评估两阶段去执行一种分布式的无人机群分解算法。群首成员通过信息交换操作来获取周围成员的位置信息。当成员获知自己位于该子群中最靠近中心的位置时，该无人机立即向其他成员宣称自己为群首节点。

（5）群间协同追踪。考虑目标移动具有灵活性，其能够轻易逃脱当前无人机子群的管理区域。因此，无人机群需要执行重组操作，以重新关联合适的目标。然而，频繁的无人机群重组和分解操作明显是耗时的。为了提供一种有效的协同追踪方案，本小节引入了一种协同推演的方法，以提升目标追踪的成功率[132]。具体来说，该算法能够使能无人机子群首或云服务器，仅组织高速移动目标周围的无人机执行重组和分解操作。在此情况下，无人机子群首或云服务器也能够有效地调度无人机的计算资源去执行 MTT 的预测和推演。该推演的结果能够提供合理的追踪决策，保证协同的高成功率的追踪。当无人机子群与云服务器的通信不可达时，该算法也能够使能无人机自主地执行群体分解操作[133]，实现低时延的协同追踪。因此，该方法有效地保证了无人机计算资源的合理调度。该粗粒度的 DT 模型执行过程如算法 5-1 所示。

算法 5-1　粗粒度的 DT

Input：无人机初始位置 x_t^k，比例因子 κ，采样权重 ω，邻接矩阵 $\boldsymbol{A}$，特征矩阵 $\boldsymbol{X}$，权重矩阵 $\boldsymbol{W}$，激活函数 δ_a。

Output：最优的无人机群分解结果。

1　Set $\kappa = 0.1$

2　while $\mathcal{K} \neq \varnothing$ do

3　｜　使用式(5-15)预测目标 k 的移动轨迹

4　end

5　while $t < T$ do

6　｜　while $\mathcal{M} \neq \varnothing$ do

7　｜　｜　初始化特征信息 $\boldsymbol{h}_i^0$

8　｜　｜　while 每一个隐含层 $l \in L$ do

9　｜　｜　｜　$\boldsymbol{h}_{N(i)}^l \leftarrow ReLU(\boldsymbol{h}_j^{l-1})$

10　｜　｜　｜　使用式(5-21)计算 $\boldsymbol{h}_i^l$

11　｜　｜　end

12　｜　｜　$\boldsymbol{h}_i^l \leftarrow \dfrac{\boldsymbol{h}_i^l}{\parallel \boldsymbol{h}_i^l \parallel_2}$

13　｜　｜　使用式(5-22)获取 Z_{out}

14　｜　｜　使用式(5-25)计算损失函数

15　｜　end

16　｜　if 目标 k 飞离当前子群的管理区域，并且云服务器的通信可达 then

17　｜　｜　选择靠近目标 k 的无人机执行重组和分解操作

18　｜　else

19　｜　｜　if 远程无人机能够实现协同追踪 then

20　｜　｜　｜　云服务调整子群的感知区域

21　｜　｜　end

22　｜　｜　if 无人机群和云服务器的通信不可达 then

23　｜　｜　｜　靠近目标 k 的无人机执行分布式重组和分解操作

24　｜　｜　end

25　｜　end

26　end

5.4.2 细粒度的数字孪生推演

由物理世界和虚拟世界之间可避免的感知和通信时延导致的同步问题，无人机子群首无法保证实时的信息收集和更新。在此情况下，本小节在虚拟空间部署了相同数量的无人机去探索协同追踪方案。无人机子群首向无人机成员下发追踪的决策。在分布式模式下（云服务器通信不可达的情况下），无人机能够自主地训练数据获取 DT 模型，得到 MTT 的结果。因此，本小节设计了一种通用的算法框架。细粒度 DT 执行示意图如图 5-3 所示，无人机群使用一种多智能体强化学习框架去训练和评估移动的目标轨迹。该框架包含了一个 critic 模块和一个 actor 模块。每一个模块能够运行一个策略网络和一个行为评估网络。无人机 i 使用局部信息 S_i 学习协同追踪的行为。所有获取的行为 $A = \{A_1, \cdots, A_M\}$ 能够集中式地评估。具体来说，策略网络使用构建的状态空间 S_i 为每一个无人机执行数据训练操作。数据训练的结果驱使无人机在行为空间 A_i 中选择合适的行为。行为评估网络使用一个评估函数来分析当前行为的有效性。该过程可量化为一个 SG 问题。该问题可以由一个元组 $\{S_i, A_i, \mathcal{T}, R_i\}$ 组成，其中，$\mathcal{T}$ 是一个转换函数；R_i 是行为评估函数。

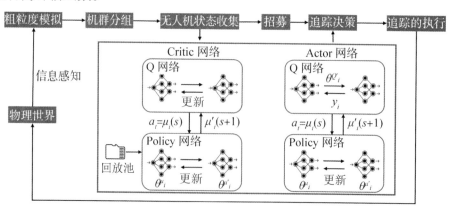

图 5-3 细粒度 DT 执行示意图

为了确保低时延的协同追踪，该回报函数考虑了无人机的追踪路径指标。为了确保协同的追踪，本小节随后在细粒度 DT 模型的基础上，设计了一种反应式扩散机制。该机制可以执行定向的信息素扩散。无人机能够使用历史的追踪经验和目标的轨迹预测结果来评估目标的运动速度，扩散的信息素浓度和目标的运动速度成正比。多智能体强化学习框架通过嵌入该机制保障协同追踪的高成功率。该定向扩散机制也能够指导合适的无人机，参与协同追踪，提升追踪的成功率。基于该机制的考虑，状态空间 S_i 分为以下四部分。

(1) 无人机 i 的状态：$s_i = \{a_i, v_i, p_i, \varrho_i, \{d_{i,k}\}\}$，其中，$a_i$，$v_i$ 和 p_i 为特征向量 $\boldsymbol{h}_i$ 的参数；ϱ_i 是无人机 i 的高度信息；$\{d_{i,k}\}$ 是无人机 i 和目标 k 之间的物理距离集合。

(2) 一跳邻居状态：$o_i = \{\{d_{i,j}\}, h_j\}$，其中，$\{d_{i,j}\}$ 表示无人机 i 和对应的一跳邻居 j 之间的物理飞行距离；h_j 是无人机 j 的特征信息。

(3) 目标的状态：$h_{i,k}$，该参数表示目标 k 的特征信息。

(4) 环境信息：$l_i = \{G_t, B_t\}$，其中，G_t 和 B_t 分别是物理噪声和地形信息。

行为空间表示为 $A_i = \{X_i, \kappa_i, \{\kappa_{i,j}\}, \theta_i\}$，其中，$X_i$ 是无人机 i 的飞行状态，包括无人机的位置和角度信息；$\kappa_i \in [0, 1]$ 是信息素扩散参数；$\{\kappa_{i,j}\}$ 是无人机 i 从无人机 j 处接收到的扩散信息；θ_i 是更新之后的信息素。无人机初始信息素浓度见式(5-26)。

$$\theta_i = \kappa_i J_k^d \tag{5-26}$$

其中，J_k^d 是目标 k 的单位移动信息。

基于招募的协同追踪执行流程如图 5-4 所示，当无人机 j 接收到无人机 i 的扩散信息时，对应的状态空间会增加该目标的属性信息。当无人机 j 同意加入无人机 i 的招募队列时，无人机将会更新当前的追踪行为，进而调整它们的感知角度，执行协同的感知和追踪动作。这种情况保证了无人机在提升感知目标感知效率的同时，提升了成功追踪率。当无人机 i 招募到合适数量的无人机时，则停止招募。招募过程按照式(5-27)执行。

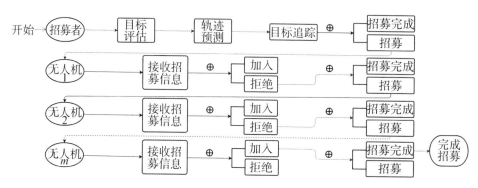

图5-4 基于招募的协同追踪执行流程

$$\theta_i = \begin{cases} \theta_i \alpha_i, & \theta_i \\ \theta_i + \beta_i, & \theta_i < \gamma_{\max} \\ 0, & \text{otherwise} \end{cases} \tag{5-27}$$

其中，α_i 和 β_i 是介于 $[0, 1]$ 之间的参数；$\gamma_{\max}$ 是最高的扩散浓度。

基于此，回报函数能够重新建立，见式（5-28）。

$$R_i(S_i, A_i) = r_i(S_i, A_i)$$

$$+ \frac{\alpha_i}{E_e} \sum_{k \neq E_e} \max[r_j^t(S_j, A_j) - r_i^t(S_i, A_i), 0]$$

$$+ \frac{\beta_i}{E_e} \sum_{k \neq E_e} \max[r_i^t(S_i, A_i) - r_j^t(S_j, A_j), 0] \tag{5-28}$$

其中，E_e 是无人机子群感知的目标数量；$r_i(S_i, A_i)$ 见式（5-29）。

$$r_i(S_i, A_i) = \frac{1}{E_e} \sum_{k=1}^{E_e} [\Delta D_{j,k} + \Delta D_{i,k}] \tag{5-29}$$

其中，$\Delta[f] = f(t-1) - f(t)$；$\alpha_i$ 和 β_i 分别设置为 5 和 0.05[114]。

基于此，无人机能够从策略网络中获取合适的协同追踪行为。状态和行为以状态行为对的方式存储在 Ω 中。本小节使用 Bellman 等式建立了无人机群追踪行为评估函数，见式（5-30）。

$$L(\theta^Q) = E_{S,A,R,S'} \left(\frac{1}{M} \sum_i \{Q^\mu[S_i, (A_1, \cdots, A_M)] - Z\}^2 \right) \tag{5-30}$$

其中，S' 是下一时刻的状态；Z 展开见式（5-31）。

$$Z = R_i + \gamma Q^{\mu'}(S_i, A_i)|_{A_i' = \mu_i'(S_i)} \tag{5-31}$$

其中，γ 是折扣因子；θ^Q 是评估网络的超参数。无人机能够最小化 $L(\theta^Q)$ 来促使无人机达到满意的协同追踪效果。

本小节使用策略梯度 $J(\theta^\mu)$ 去获取最少的损失，见式(5-32)。

$$\nabla_{\theta^\mu} J(\theta^\mu) = E_{S,A \backsim \Omega} \left\{ \frac{1}{M} \sum_i \nabla_{\theta^\mu} \mu(A_i | S_i) \nabla_{A_i} Q^\mu [S_i, (A_1, \cdots, A_M)] \big|_{A_i = \mu(S_i)} \right\}$$

$$(5\text{-}32)$$

按照链式规则[134]，神经网络的参数更新见式(5-33)。

$$\nabla_{\theta^c} J(\theta^c) = E_{S,A \backsim \Omega} [\sum_i w_i(C_i) \nabla_C \mu(A_i | C_i)$$
$$\cdot \nabla_{C_i} \mu(A_i | C_i) \nabla_{A_i} Q^\mu(S_i, A_i) \big|_{A_i = \mu(S_i)}] \quad (5\text{-}33)$$

其中，$w_i(\cdot)$ 表示无人机 i 的协同者集合；θ^c 是策略网络的超参数，使用式(5-34)更新该参数。

$$\theta' = \tau\theta + (1-\tau)\theta' \qquad (5\text{-}34)$$

该行为优化模型见式(5-35)。

$$L(\theta^a) = -\Delta \dot{Q}_i \log[p(C_i | \theta^a)] - (1 - \dot{Q}_i) \log[1 - p(C_i | \theta^a)] \quad (5\text{-}35)$$

在此情况下，无人机群能够通过调整超参 a，最小化 $L(\theta^a)$ 的值，来提高协同追踪的成功率。具体的算法执行过程如算法 5-2 所示。

算法 5-2　细粒度的 DT

Input：状态信息 S；多智能体强化学习网络参数 θ^Q，θ^μ；更新权重 γ；神经网络参数 θ^c 和 θ^a；无人机招募集合 $\{U\}$

Output：协同追踪决策

Definition：$\gamma = 0.99$

1　获取无人机子群 e 中的无人机数量

2　while 每一轮 do

3　　设置初始化行为 μ

4　　设置初始化无人机状态信息

5　　搭建 MTT-UAVs 追踪环境

6　end

算法 5-2 细粒度的 DT

7	while $t < T$ do
8	使用算法 5-1 执行群体分解操作
9	while $\mathcal{E} \neq \varnothing$ do
10	$a_{i,t} \leftarrow \mu_{\theta_i}(S_{i,t}) + N_t$
11	end
12	if 无人机 i 请求协同追踪并且无人机 j 选择 θ_i then
13	$\{U\} \leftarrow \{U\} \cup j$
14	end
15	使用式(5-27)更新信息素 θ_i
16	将该经验存储到 Ω 中，使用评估网络评估该行为
17	使用式(5-28)计算对应的回报
18	使用式(5-32)计算 Q 值
19	使用式(5-30)计算损失函数梯度
20	使用式(5-33)更新梯度
21	使用式(5-35)优化当前行为
22	end

图 5-5 给出了分层 DT 辅助的协同追踪示意图。该过程展示了粗粒度 DT 和细粒度 DT 之间的执行关系。在粗粒度 DT 阶段，云服务器能够基于无人机和目标的位置信息执行群体解耦操作。当云服务器的通信不可达时，无人机能够自动探索合适的协同者，去执行群体分解操作。该推演结果能够确保无人机子群关联合适的移动目标，确保精确的多目标追踪。该结果也能够通过实时地解耦部分无人机，而不是整体的无人机群，继续执行协同的追踪。在每一个子群内部，群首成员选举子群首执行基于多智能体强化学习框架的细粒度 DT。该推演的决策能够帮助无人机提高追踪的成功率。

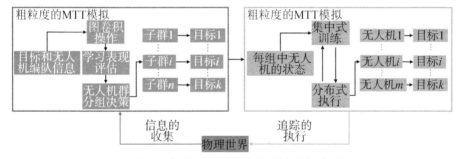

图 5-5　分层 DT 辅助的协同追踪示意图

引理 5.2　算法 5-2 能够同步地收敛。

证明：本节通过式 (5-30) 给出的行为值函数展开证明，该公式基于接下来的假设，使用收缩映射原理，证明该算法可以收敛到稳定点 Q^*。

假设 3　在获取该行为值函数时，使用常数 P 能够限制获得回报的上界。

假设 4　在这个 SG 过程中，无人机作为智能体能够使用贪婪迭代的方式，获取一个资源分配均衡策略 $\pi^* = \{\pi_1^*, \pi_2^*, \cdots, \pi_M^*\}$：

(1) 该系统的全局优化结果为：$E_{\pi}\cdot[Q_i^\mu(S)] \geqslant E_\pi[Q_i^\mu(S)]$，$\forall \pi$；

(2) 在获取全局优化时的驻点为：$E_{\pi}\cdot[Q_i^\mu(S)] \geqslant E_{\pi_i}E_{\pi_{-i}}[Q_i^\mu(S)]$，并且 $E_{\pi}\cdot[Q_i^\mu(S)] \geqslant E_{\pi_i}E_{\pi_{-i}}[Q_i^\mu(S)]$。

基于上述的两个假设，H_t 定义见式 (5-36)。

$$H_{t+1}(x) = [1 - \alpha_t(x)]H_t(x) + \alpha_t(x)F_t(x) \tag{5-36}$$

如果满足以下条件，其能以概率 1 收敛。

(1) $0 \leqslant \alpha_t(x) \leqslant 1$，$\sum_t \alpha_t(x) = \infty$，并且 $\sum_t \alpha_t^2 \leqslant \infty$。

(2) $x \in \sum_i S_i$ 并且 $\sum_i S_i \leqslant \infty$。

(3) $\| E[F_t(x)] | F_t \|_d \leqslant \gamma \| H_t \|_d + z_t$，其中，$\gamma \in [0, 1)$，并且，$z_t$ 能够收敛到 0。

(4) 在 $K \geqslant 0$ 的情况下，$\mu[F_t(x) | F_t] \leqslant K(1 + \| H_t \|_d^2)$，其中，$\|*\|_d$ 是权重最大范数。

第一个和第二个条件能够轻易满足，本节使用 Q 函数来证明第三个和第四个条件也能满足。首先，H_t 和 F_t 能够重写，见式 (5-37) 和式 (5-38)。

$$H_t(S_t, A_t) = Q_t(S_t, A_t) - Q^*(S_t, A_t) \tag{5-37}$$

$$F_t(S_t, A_t) = R_t + \gamma Q^\mu(S_{t+1}) - Q^*(S_t, A_t) \tag{5-38}$$

基于式(5-38)，第三个条件得以满足。

$$\begin{aligned}
F_t(S_t, A_t) &= R_t + \gamma Q^\mu(S_{t+1}) - Q^*(S_t, A_t) \\
&= R_t + \gamma Q^{\mu*} - Q^*(S_t, A_t) + \gamma[Q^\mu(S_{t+1}) - Q^{\mu*}(S_t, A_t)] \\
&= R_t + \gamma Q^{\mu*}(S_{t+1}) - Q^*(S_t, A_t) + c_t(S_t, A_t) \\
&= F_t^*(S_t, A_t) + c_t(S_t, A_t) \tag{5-39}
\end{aligned}$$

基于假设2，获知所有的智能体能够相互分享局部或全局的最优均衡策略，见式(5-40)。

$$c_t(S_t, A_t) = \gamma[Q^\mu(S_{t+1}) - Q^{\mu*}(S_t, A_t)] \tag{5-40}$$

式(5-40)能够获得收敛。因此，全局网络能够收敛。换句话说，Q^μ 能够渐进地收敛到 $Q^{\mu*}$。对于第四个条件，按照收缩理论，推导结果见式(5-41)[115]。

$$\begin{aligned}
\mu[F_t(S_t, A_t) \mid F_t] &= E\{[R_t + \gamma Q^\mu(S_{t+1}) - Q^*(S_t, A_t)]^2\} \\
&= E\{[R_t + \gamma Q^\mu(S_{t+1}) - \sum_{S_t, A_t} Q^*]^2\} \\
&= \mu[R_t + \gamma Q^\mu(S_{t+1}) \mid F] \leq K(1 + \| H_t \|_d^2) \tag{5-41}
\end{aligned}$$

当所有条件满足时，H_t 能够收敛到0。Q 函数 Q^μ 能够收敛到 $Q^{\mu*}$。因此，算法5-2实现了收敛。

本小节分别从粗粒度 DT 和细粒度 DT 两部分分析了该算法的计算复杂度。对于粗粒度 DT，本小节使用了一种图卷积算法去使能无人机群的实时解耦操作，进而达到低时延的追踪效果。该计算复杂度可以计算为 $O(LNF^2)$[135]，其中，L 是神经网络的层数；N 是矩阵 $\hat{A}$ 的特征值数量；F 是 h_i 的特征元素的数量。考虑一种两层的神经网络，该粗粒度 DT 的时间复杂度计算为 $O(2NF^2)$。对于细粒度 DT 来说，Primary 网络中的矩阵运算复杂度为 $O[k(\theta)]$，其中，$k(\theta)$ 是关于隐含层数量 θ 的函数。因此，该算法的整体计算复杂度表示为 $O[2NF^2k(\theta)]$。

5.5 实验验证评估

本节搭建实物系统来采集物理信息，通过系统模拟的方式对该策略进行评估，以验证该策略的有效性。

5.5.1 信息采集

在信息采集的过程中，本节使用 DJI 无人机在校园中随机飞行来规划移动目标的轨迹，通过 DJI Pilot APP 记录该轨迹。此外，使用 UWB 传感器来评估无人机和目标间的物理距离，使用摄像头捕捉移动目标图像，使用 GPS 传感器获取无人机位置。每个子群的群首使用机载计算机获取传感器数据来执行细粒度的 DT[118]。其他无人机同样携带机载计算机协同执行粗粒度的 DT。该 DT 的执行基于 pytorch 框架[136]和网络仿真器（network simulation，NS-3）软件。

本节规划了多条目标轨迹来评估本章算法的鲁棒性和有效性。目标轨迹规划的处理如图 5-6 所示。无人机使用 seven-parameter 转换方法将 GPS 数据转化为便于处理的笛卡儿坐标系。无人机使用的机载传感器如图 5-7 所示。其中，UWB 传感器用来获取无人机和目标之间的相对物理距离[137]；视觉传感器使用 YOLO V5 的框架检测和识别移动目标的形状[138]；温湿度传感器用来获取物理天气信息。本小节使用 UWB 传感器在实地场景中测试了多组物理距离的数据，基于 UWB 的目标检测如图 5-8 所示。UWB 测试结果展示在图 5-9 中，可以发现，测试结果散布在真实值的周围，没有完全和真实值重叠的原因在于无人机在追踪的过程中姿态会发生改变。因此，本小节使用测试的中位数作为测试结果，去评估追踪系统的实时性和成功追踪率。考虑无人机有限的计算能力，无法保障实时的在线学习，本节基于实测数据和仿真数据，采用离线训练的方式提前获取强化学习模型。

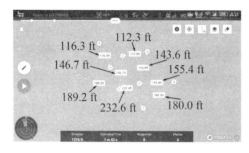

图 5-6　目标轨迹规划的处理

图 5-7　机载传感器

图 5-8　基于 UWB 的目标检测

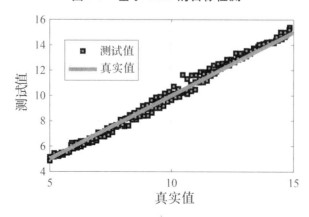

图 5-9　UWB 测试评估结果

重要参数设置见表 5-2 所列。

表 5-2 重要参数设置

参数描述	数值
无人机的数量	[20，40]
移动目标的数量	[30，80]
无人机的平均移动速度	56 km/h
目标的移动速度	[32 km/h，90 km/h]
MTT-UAVs 检测区域	3 000 m×3 000 m
无人机的倾斜角	[−130°，+40°]
无人机水平旋转的角度	[−100°，+100°]
UF 算法的比例参数 κ	0.1
学习速率	[0.001，0.009]
无人机之间最小安全飞行距离	3 m
无人机的传输功率	[60 mW，100 mW]
无人机之间的通信带宽	[50 MHz，100 MHz]
无人机的平均感知速率	1 MByte/s
无人机的水平感知距离	30 m
高斯白噪声	−96 dBm/Hz
系统可接受的最高追踪时延	2 s[139]

本节采用了以下几种典型的算法同该算法进行比较。

(1)基于模糊逻辑的 MTT 算法[140]。该算法通过给定的规则去评估目标的优先级，并结合遗传算法来提升目标感知精度。

(2)强化学习算法[141]。每一架无人机独立运行强化学习算法，通过感知到的信息学习合适的追踪决策。

(3)非协同追踪算法。该机制使用相同的多智能体强化学习框架去执行双粒度的数字孪生。然而，该机制无法使能无人机去执行招募操作。

(4)基于进化论的 MTT 算法[142]。该机制利用自适应进化理论，执行协同的目标轨迹预测，确保精确的协同追踪。

（5）多智能体强化学习算法（MARL）[44]。无人机能够使用一种集中式训练分布式执行的方式学习合适的追踪决策。

本小节使用学习回报、通信数据量、通信时延、系统时延和追踪成功率指标来评估该策略的有效性。其中，学习回报、通信时延、系统时延和追踪成功率指标如第四章所示。数据通信量指标用来评估无人机群在执行每个追踪任务周期内，信息交换的数据量。

5.5.2 粗粒度的数字孪生评估分析

当云服务器与无人机之间的通信可达时，云服务器基于 h_i 和 $h_{i,j}$ 信息将无人机分解成多个子群。当云服务器的通信不可达时，无人机基于分布式分解算法自动执行群体分解操作。本小节使用 NS-3 模拟了无人机群分解过程。图 5-10 至图 5-12 给出了不同目标数量下的无人机群分解表现。

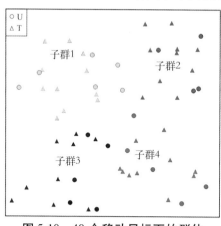

图 5-10　40 个移动目标下的群体
分解结果

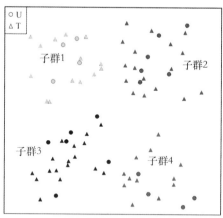

图 5-11　60 个移动目标下的群体
分解结果

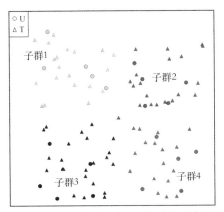

图 5-12　80 个移动目标下的群体分解结果

　　本小节在考虑不同目标数量的情况下，通过无人机群分解结果来评估粗粒度 DT 的性能。图 5-10 给出了在 20 架无人机追踪 40 个移动目标场景下的群体分解过程。该粗粒度 DT 算法将无人机群分成 4 个子群。每一个子群使用不同颜色标记，无人机和目标使用不同的形状标记。无人机使用圆形和"U"标记，目标使用三角形和"T"标记。基于无人机和目标的地理位置坐标信息，该算法总是能够分配合适数量的无人机去关联动态的目标。此外，在不同的子群中，无人机和目标的数量比是近似相等的。在这种情况下，无人机能够使用本章提出的协同追踪算法，合理地调度自身的计算资源，确保了低时延和精确的目标追踪。

　　图 5-11 提供了 20 架无人机在追踪 60 个移动目标时的分解结果。可以发现，无人机总是能够有效地感知移动的目标。当目标逃离当前子群的管理区域时，无人机仍然可以执行接续的追踪。因此，当目标数量增加时，无人机仍然可以实现最优的目标关联。图 5-12 展示了 20 架无人机在追踪 80 个移动目标时的分解结果。该算法仍然可以基于目标的动态性，探索并获取最优的分解结果，确保合理的协同追踪。因此，该粗粒度 DT 算法在目标数量可变的情况下确保了追踪的高鲁棒性和稳定性。

5.5.3　细粒度的数字孪生评估分析

　　粗粒度的 DT 能够分解无人机群为多个子群，去执行实时的目标追踪任务。然而，确保无人机群无碰撞地群内协同追踪也是必要的。本小节通过改变目标数量，测试了群内协同追踪的成功率。图 5-13 展示了在 20 架无人机追踪 40 个移动目标情况下的协同追踪结果。该结果表明，U11 能够精确地感知多个移动目标，与此同时，能够协同追踪 T16。因此，该细粒度 DT 算法能够帮助无人机获取目标的移动轨迹，从而实现动态的目标关联。为了确保高成功追踪率，无人机能够通过和邻居交换信息，提升目标轨迹预测的精度，实现群间的协同追踪。此外，无人机通过与邻居之间交换信息，能够协同地规划追踪的路径，达到实时的 MTT 效果。在这种情况下，无人机能够动态地关联最优的移动目标，进一步增强群内协同追踪的能力。

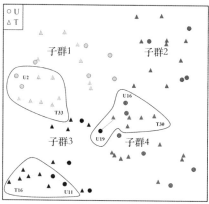

图 5-13　20 架无人机协同追踪 40 个移动目标

图 5-14 展示了 20 架无人机追踪 60 个移动目标的场景。该结果表明，U2 和 U3 在不同时间协同追踪快速移动的目标 T7。这揭示了该算法在追踪可变速度的目标时，展现了该 MTT-UAVs 系统的鲁棒性。另外，这也证明了本章提出的反应式扩散机制有效确保了群内的协同追踪。图 5-15 给出了 20 架无人机追踪 80 个移动目标的复杂场景。该结果揭示了无人机仍然能够使用该算法精确地感知和追踪移动的目标，确保了高成功追踪率。另外，不同位置的无人机也能够协同地追踪速度多变的目标。这种定性的分析证明了该分层 DT 辅助的 MTT-UAVs 系统在应对不同数量和速度的移动目标时，能够具有高鲁棒的性能。

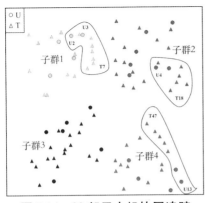
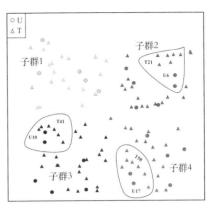

图 5-14　20 架无人机协同追踪
60 个移动目标

图 5-15　20 架无人机协同追踪
80 个移动目标

5.5.4　系统性能评估分析

　　本小节具体讨论了该 MTT-UAVs 系统的性能分析。图 5-16 给出了协同追踪的学习表现。在 20 架无人机的情况下，可以看出，所有的回报都在逐渐地增加，并在 500 轮迭代之后趋于稳定。无人机在追踪 80 个移动目标时获取的数据量最多，同时也获得了最高的回报。500 轮次对应的收敛时间对于 MTT-UAVs 系统来说是可接受的。图 5-17 证明了无人机能够协同规划合适的路径执行协同的追踪策略。结果表明，该算法在基于相同系统参数的情况下，能够实现低能耗的协同追踪。基于进化论算法具有启发式探索的特性，故会出现多个无人机同时追踪同一目标的情况，该算法导致了最高的系统追踪能耗。相比于非协同算法、强化学习和模糊逻辑算法，该系统能够分别降低 33.3%、52.3% 和 64.3% 的系统能耗。

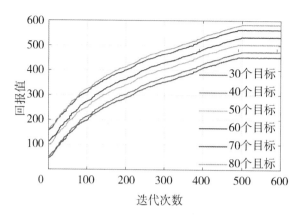

图 5-16　不同迭代次数下的回报值

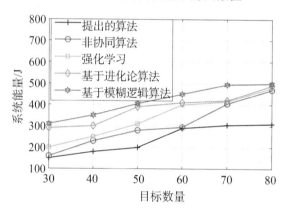

图 5-17　不同目标数量下的系统能耗

5.5.4.1　通信数据量和通信时延分析

图 5-18 和图 5-19 给出了在不同目标数量的情况下，各算法在通信数据量开销和通信能耗开销上的比较。该 MTT 方案比较强化学习算法和非协同算法，能够明显降低额外的通信数据量和通信能耗。该方法能够帮助无人机精确地探索合适的协同追踪者。本章提出的反应式扩散机制通过选择合适的无人机执行信息交换操作，从而也能有效地帮助 MTT-UAVs 系统有效降低额外的通信数据量和通信能耗。从数值分析来看，该方案相比于非协同算法和强化学习算法，分别降低了 25.0% 和 76.9% 的通信能耗。

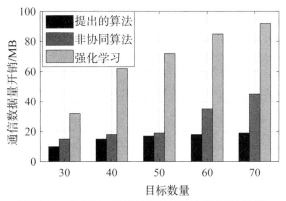

图 5-18　不同目标数量下的通信数据量开销

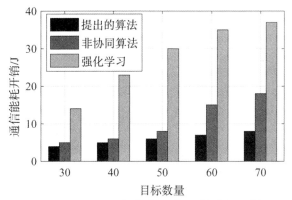

图 5-19　不同目标数量下的通信能耗开销

5.5.4.2　系统时延和成功追踪率分析

基于式(5-1)，成功追踪率指标见式(5-42)。

$$\mathcal{J} = \lim_{T \to \infty} \frac{1}{T} \sum_{t=0}^{T} \frac{\sum_{i=1}^{M} \sum_{k=1}^{K} P_{i,k}}{MK} \tag{5-42}$$

图 5-20 给出了在不同目标数量情况下的成功追踪率。其中，多智能体强化学习算法采用了与本方案相同的算法框架，第五章的算法采用了与多智能体强化学习算法相同的算法框架，可以看出，借助粗粒度数字孪生对无人机移动轨迹的精确推演，以及细粒度数字孪生对目标轨迹的精准预测，相比于多智能体强化学习算法，本算法在目标数量可变的场景下，能够提高 15.4% 的成功追踪率，并始终保持 90% 以上的成功追踪率。这意味着数字孪生能够帮助无人机群在大规模目标追踪场景中，实现更高成功率的协

同追踪。此外，基于目标数量和成功追踪率的关系，当设定无人机数量为20、成功追踪率为75%时，该方案能够感知和追踪高达153个移动目标。这表明粗粒度的数字孪生能够推演无人机的移动轨迹，按照目标的地理位置，将无人机群合理分解成多个子群。细粒度的数字孪生能够精确预测和推演目标的移动轨迹，并调度合适数量的无人机，执行精确的协同追踪。基于模糊逻辑算法通常基于固定的专家表执行追踪决策，其不适用于动态的 MTT-UAVs 场景，因此，随着目标数量的增加，该算法的成功追踪率会明显降低。相比于非协同算法和基于进化论的算法，该方案能够分别提升26.7%和30.1%的成功追踪率。

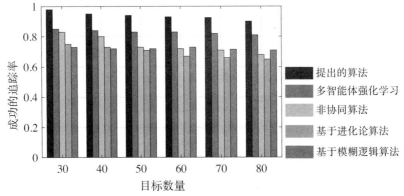

图 5-20　不同目标数量下的成功追踪率

另外，目标的移动速度也会影响 MTT 的追踪实时性。该系统希望支撑无人机实现深度的群体协同，以确保低时延开销的追踪表现。图 5-21 给出了在不同移动目标速度的情况下，系统时延开销的比较。设定无人机的平均移动速度为 56 km/h，随着目标移动速度的加快，所有算法的系统时延开销也随之增加。然而，分层数字孪生解决方案始终能够保证 1.5 s 以下的系统时延开销。这表明，细粒度的数字孪生能够实时推演目标的移动轨迹，帮助无人机快速选择合适的邻居无人机，执行协同追踪。该方案相比于基于模糊逻辑算法、强化学习算法和基于进化论算法，分别平均降低 50.0%、74.1% 和 79.4% 的系统时延开销。

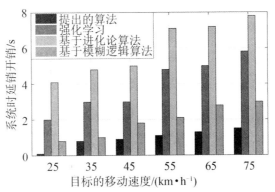

图 5-21   不同目标移动速度下的系统时延开销

图 5-22 展示了在 20 架无人机追踪场景下的系统时延开销。对于所有的算法，其系统时延都在随着目标数量的增加而增加。然而，本章算法相比于其他算法，其时延增长速度是最低的。这归因于该算法能够考虑不同无人机、边缘服务器和云服务器之间的资源差异，通过双粒度数字孪生模式来解耦高负荷的 MTT 任务。在这种情况下，无人机群能够实现低时延地追踪不同数量的目标。这验证了提出的分层 DT 方案能够提升追踪的有效性。基于进化论算法执行频繁的试错操作，导致了最高的系统时延。数字分析表明，该算法相比于非协同算法、基于模糊逻辑算法、强化学习算法和基于进化论算法，能够分别降低 38.5%、66.7%、75.0% 和 80.9% 的系统时延。

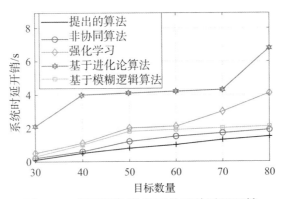

图 5-22   不同目标数量下的系统时延开销

5.6 本章小结

本章提出了一种基于分层数字孪生的协同追踪策略，旨在实现实时和精确的目标追踪。为了优化无人机群的追踪性能，本章首先设计了一个双粒度数字孪生模式，此模式能够有效降低数字孪生系统的预测和推演时延。基于此，提出了一种无人机群协同追踪算法。该算法能够同时协调邻近无人机和远程无人机，共同执行精确的目标追踪，显著提高了协同追踪的成功率。实验验证结果表明，本章提出的算法能够优化无人机群追踪路径、降低系统能耗以及提高目标协同追踪的实时性。在后续的研究工作中，笔者将深入探讨物理世界与虚拟世界之间的相互关系，实现更通用、更高效的数字孪生辅助的 MTT 解决方案。

第六章

总结与展望

6.1 总结

物联网技术的迅猛发展正在加速推动智能城市的建设。随着第六代无线通信技术的不断演进，物联网的应用领域也在不断扩大。在这一背景下，面向多目标追踪的物联网应用通过充分利用物联网设备的感知、通信和计算资源，确保大范围、复杂环境下精确和实时的协同追踪，确保了监测区域的安全。这种应用显著降低了人工成本，推动了智慧城市的发展。

本书详细讨论了多目标追踪物联网场景中面临的挑战，以优化规模差异化追踪场景中的异构资源调度为主线，以提升成功追踪率和实时性为目标，设计了可行的协同追踪方案，确保了在复杂 MTT 场景下多目标追踪的高效性。

（1）为了同时提升目标感知的精度和广度，本书提出了一种混合式 WSN 智能感知资源调度策略。该策略能够合理调度动态传感器节点，执行大范围的移动感知，以弥补静态节点带来的感知盲区，提升目标感知的精度。此外，该策略能够跨层整合移动节点和边缘服务器的计算资源，协同预测目标的轨迹，合理规划移动 WSN 节点的路径，保障大范围的目标感知。

（2）针对高速移动目标导致的计算开销挑战，本书提出了一种分布式无人机群智能协同计算管理机制。基于该机制，无人机群能够充分利用其感知资源，探索合适的邻居无人机，执行协同的轨迹预测，提升轨迹预测的精度。为了保证预测的实时性，该机制整合了启发式算法强探索能力和传统惯性算法低计算复杂度的优势，减少轨迹预测的运行时间，保障了轨迹预测的实时性。与传统的扩展卡尔曼滤波算法相比，该策略提升了大约60%的预测精度，验证了该策略的可行性。此外，无人机群能够使用该策略，基于轨迹预测结果，能够获取邻居无人机的追踪决策，优化自身的追踪路径，降低追踪的能耗，保障精确的协同追踪。相比于深度Q学习算法，该方案降低了19.2%的系统能耗。

（3）针对中规模移动场景中由协同计算带来的高通信开销问题，本书设计了一种数字孪生赋能的无人机群感知通信资源协同调度策略。该方案借助于数字孪生技术，帮助无人机群在分布式MTT场景中构建精确的物理映射。该映射模型能够指导无人机精准观测邻居无人机的位置和姿态，推演其移动路径，选择合适的邻居无人机，协同追踪中低速目标。此外，基于目标轨迹预测的结果，该映射模型能够帮助无人机整合感知和通信资源，寻找恰当的无人机，提前部署到合适的空域，执行目标追踪的接力。为了降低无人机协同追踪过程中的通信开销，该映射模型能够准确调整无人机天线波束的方向，构建最优的信息传输路由。该方案相比于最新的深度强化学习算法，降低了52.3%的信息交换时延，与此同时，提高了26.3%的成功追踪率。

（4）针对高计算复杂度的数字孪生系统很难构建精确且实时的MTT映射的挑战，本书提出了一种基于分层数字孪生的无人机群协同追踪策略。该策略通过端边云协同的方式，实现了一种双粒度的数字孪生模式。云服务执行无人机子群和目标之间粗粒度的数字孪生映射，预测目标的移动轨迹，并将无人机群分成多个子群，关联合适的移动目标。此外，子群首执行群内成员和目标之间细粒度的映射。通过推演无人机成员的感知姿态、移动速度和移动路径信息，调度合适数量的无人机，执行协同的追踪，进而提升追踪的成功率。该双粒度数字孪生方案相比于多智能体强化学习算

法，提升了 15.4% 的成功追踪率。该方案不仅降低了集中式数字孪生带来的高计算复杂度，而且实现了精确和实时的协同追踪。

综上所述，本书以优化多目标物联网追踪场景中的异构资源为主线，结合人工智能和数字孪生技术，从资源分配的角度提出了可行的解决方案，采用实验和仿真两种方式分别评估和验证了本书方案的可行性和有效性。

6.2 展望

本书旨在探索多目标追踪物联网场景中存在的挑战，并提出可行的解决方案，以确保精确和实时的协同追踪。实际测试结果表明，引入这些技术能够显著提高异构资源的利用率和目标追踪的成功率。然而，在研究过程中，本书发现新技术的引入也带来了一些需要进一步考虑的问题。

（1）本书提出的边缘辅助的感知资源协同调度策略通过引入强化学习技术，同时提升了 WSN 网络的目标感知精度和广度。然而，该策略在应对无基础设施支持的恶劣追踪环境时，WSN 网络难以实现自主的协同感知。在后续的研究工作中，将设计一种更加通用的轻量化协同感知算法，以服务于更加常规化的目标追踪场景。

（2）本书针对感知和通信资源利用率不高的问题，提出了数字孪生赋能的感通资源协同调度策略。该方案借助数字孪生预测和推演的优势，提升了计算和通信资源的利用率，进一步提升了在多目标追踪场景下的追踪实时性和高成功率。然而，在分布式追踪场景中，当无人机的感知范围内存在大量的移动目标时，其有限的计算资源很难支撑实时的目标轨迹预测和推演。在后续的研究中，将会详细研究并设计一种轻量化的无人机协同预测和推演方案，确保低时延的无人机协同调度。

（3）多个速度和轨迹多变的移动目标也为无人机的调度增加了难度。本书验证了数字孪生技术可以在一定程度上保证无人机网络在高动态 MTT 场景中的精确追踪调度。然而，在无人机群之间的协同追踪过程中，数字孪生造成的额外推演时间很难保证追踪的实时性。在后续的研究中，将继续研究数字孪生本身存在的挑战，并设计定制化的数字孪生解决方案，以更好地为多目标追踪物联网应用提供有效的服务支撑。

（4）本书的实验部分主要采用半实物仿真平台对设计的追踪算法进行评估，未来将该算法部署在具有更高计算能力的服务器上，通过使用 Gazebo 系统构建数字孪生映射，构建一套更加工业化的追踪系统。

参考文献

［1］尤肖虎，尹浩，邬贺铨. 6G 与广域物联网［J］. 物联网学报，2020，4(1):3-11.

［2］高微，陈新元，王榕国. 智能物联网 aiot 的概念及应用场景的研究［J］. 信息通信技术，2023，17(3):80-84.

［3］MADAKAM S, LAKE V, LAKE V, et al. Internet of things (IoT):A literature review［J］. Journal of Computer and Communications，2015，3(5):164.

［4］HARAS M, SKOTNICKI T. Thermoelectricity for IoT-A review［J］. Nano Energy，2018，54:461-476.

［5］FAROOQ M U, WASEEM M, MAZHAR S, et al. A review on internet of things (IoT)［J］. International journal of computer applications，2015，113(1):1-7.

［6］GOKHALE P, BHAT O, BHAT S. Introduction to IOT［J］. International Advanced Research Journal in Science，Engineering and Technology，2018，5(1):41-44.

［7］LUO W, XING J, MILAN A, et al. Multiple object tracking:A literature review［J］. Artificial intelligence，2021，293:103448.

［8］MARVASTI-ZADEH S M, CHENG L, GHANEI-YAKHDAN H, et al. Deep learning for visual tracking:A comprehensive survey［J］. IEEE Transactions on Intelligent Transportation Systems，2022，23(5):3943-3968.

［9］XU Y, ZHOU X, CHEN S, et al. Deep learning for multiple object tracking:A survey［J］. IET Computer Vision，2019，13(4):355-368.

［10］PAL S K, PRAMANIK A, MAITI J, et al. Deep learning in multi-object detection and tracking:State of the art［J］. Applied Intelligence，2021，51:6400-6429.

［11］ADAM M S, ANISI M H, ALI I. Object tracking sensor networks in smart cities:Taxonomy, architecture, applications, research challenges and future directions［J］. Future Generation Computer Systems，2020，107:909-923.

[12]FATTAH S, GANI A, AHMEDY I, et al. A survey on underwater wireless sensor networks:requirements, taxonomy, recent advances, and open research challenges [J]. Sensors, 2020, 20(18):5393.

[13]ABDULKAREM M, SAMSUDIN K, ROKHANI F Z, et al. Wireless sensor network for structural health monitoring:A contemporary review of technologies, challenges, and future direction[J]. Structural Health Monitoring, 2020, 19(3):693-735.

[14]AMUTHA J, SHARMA S, NAGAR J. WSN strategies based on sensors, deployment, sensing models, coverage and energy efficiency:Review, approaches and open issues [J]. Wireless Personal Communications, 2020, 111:1089-1115.

[15]ZHENG K, WANG H, LI H, et al. Energy-efficient localization and tracking of mobile devices in wireless sensor networks[J]. IEEE Transactions on Vehicular Technology, 2017, 66(3):2714-2726.

[16]WANG P, YANG L T, LI J. An edge cloud-assisted CPSS framework for smart city [J]. IEEE Cloud Computing, 2018, 5(5):37-46.

[17]CHEN J, LI K, BILAL K, et al. Abi-layered parallel training architecture for large-scale convolutional neural networks [J]. IEEE Transactions on Parallel and Distributed Systems, 2019, 30(5):965-976.

[18]ZHANG L, LI K, ZHENG W, et al. Contention-aware reliability efficient scheduling on heterogeneous computing systems [J]. IEEE Transactions on Sustainable Computing, 2018, 3(3):182-194.

[19] IDRISSI M, SALAMI M, ANNAZ F. A review of quadrotor unmanned aerial vehicles:applications, architectural design and control algorithms [J]. Journal of Intelligent & Robotic Systems, 2022, 104(2):22.

[20]RAHMAN M F F, FAN S, ZHANG Y, et al. A comparative study on application of unmanned aerial vehicle systems in agriculture[J]. Agriculture, 2021, 11(1):22.

[21] YAO H, QIN R, CHEN X. Unmanned aerial vehicle for remote sensing applications—A review[J]. Remote Sensing, 2019, 11(12):1443.

[22] MOHAMED N, AL-JAROODI J, JAWHAR I, et al. Unmanned aerial vehicles applications in future smart cities[J]. Technological forecasting and social change, 2020, 153:119293.

[23]OUTAY F, MENGASH H A, ADNAN M. Applications of unmanned aerial vehicle (UAV) in road safety, traffic and highway infrastructure management: Recent advances and challenges[J]. Transportation research part A: policy and practice, 2020, 141:116-129.

[24]GUERRA A, DARDARI D, DJURIC P M. Dynamic radar networks of UAVs: A tutorial overview and tracking performance comparison with terrestrial radar networks [J]. IEEE Vehicular Technology Magazine, 2020, 15(2):113-120.

[25]MYLONAS A, BOOTH J, NGUYEN D T. A review of artificial intelligence applications for motion tracking in radiotherapy[J]. Journal of Medical Imaging and Radiation Oncology, 2021, 65(5):596-611.

[26]PARK J, SAMARAKOON S, SHIRI H, et al. Extreme ultra-reliable and low-latency communication[J]. Nature Electronics, 2022, 5(3):133-141.

[27]WEI Z, DUAN Z, HAN Y. Multi-sensor bearings-only target tracking using two-stage multiple hypothesis tracking [C]. 2021 International Conference on Control, Automation and Information Sciences (ICCAIS), Xi'an, China, 2021:711-716.

[28]PAN S, BAO Q, CHEN Z. An efficient to-mht algorithm for multi-target tracking in cluttered environment [C]. 2017 IEEE 2nd Advanced Information Technology, Electronic and Automation Control Conference (IAEAC), Chongqing, China, 2017: 705-708.

[29]SHI Y, YANG Z, ZHANG T, et al. An adaptive track fusion method with unscented kalman filter[C]. 2018 IEEE International Conference on Smart Internet of Things (SmartIoT), Xi'an, China, 2018:250-254.

[30]ALLIG C, WANIELIK G. Heterogeneous track-to-track fusion using equivalent measurement and unscented transform[C]. 2018 21st International Conference on Information Fusion (FUSION), Cambridge, UK, 2018:1948-1954.

[31]BUI N T B, PHAM D C, NGUYEN B Q, et al. Tracking a 3d target with fusion of 2d radar and bearing-only sensor[C]. 2018 IEEE International Conference on Industrial Technology (ICIT), Lyon, France, 2018:1532-1537.

[32]KONG S, GAN L, WANG R, et al. Target tracking algorithm of radar and infrared sensor based on multi-source information fusion[C]. 2022 International Conference

on Artificial Intelligence, Information Processing and Cloud Computing (AIIPCC), Kunming, China, 2022:389-392.

[33] AZAM M A, DEY S, MITTELMANN H D, et al. Average consensus-based data fusion in networked sensor systems for target tracking [C]. 2020 10th Annual Computing and Communication Work-shop and Conference (CCWC), Las Vegas, NV, USA, 2020:0964-0969.

[34] THAKUR A, RAJALAKSHMI P. Lidar and camera raw data sensor fusion in real-time for obstacle detection[C]. 2023 IEEE Sensors Applications Symposium (SAS), 2023:1-6.

[35] ZHAO S, HUANG Y, WANG K, et al. Multi-source data fusion method based on nearest neighbor plot and track data association[C]. 2021 IEEE Sensors, Sydney, Australia, 2021:1-4.

[36] XIAO W, THAM C K, DAS S K. Collaborative sensing to improve information quality for target tracking in wireless sensor networks [C]. 2010 8th IEEE International Conference on Pervasive Computing and Communications Workshops (PERCOM Workshops), Mannheim, Germany, 2010:99-104.

[37] ZHANG S, XIN H. Multi-sensor scheduling method for cooperative target tracking based on ADP[C]. 2021 International Conference on Wireless Communications and Smart Grid (ICWCSG), Hangzhou, China, 2021:53-57.

[38] SU Y, HE Z, CHENG T, et al. Joint node and resource scheduling strategy for the distributed MIMO radar network target tracking via convex programming[C]. IGARSS 2022-2022 IEEE International Geoscience and Remote Sensing Symposium, Kuala Lumpur, Malaysia, 2022:4098-4101.

[39] YUAN Y, YI W, CHOI W. Dynamic sensor scheduling for target tracking in wireless sensor networks with cost minimization objective [J]. IEEE Internet of Things Journal, 2022, 9(21):20957-20974.

[40] RAIHAN D, FABER W, CHAKRAVORTY S, et al. Sensor scheduling under action dependent decision-making epochs [C]. 2019 22th International Conference on Information Fusion (FUSION), Ottawa, ON, Canada, 2019:1-7.

[41] QIAO G, LENG S, ZHANG K, et al. Collaborative task offloading in vehicular edge

multi-access networks[J]. IEEE Communications Magazine, 2018, 56(8):48-54.

[42] ZHOU Z, CHEN X, LI E, et al. Edge intelligence:Paving the last mile of artificial intelligence with edge computing[J]. Proceedings of the IEEE, 2019, 107(8): 1738-1762.

[43] ALSHAMAA D, MOURAD-CHEHADE F, HONEINE P. Tracking of mobile sensors using belief functions in indoor wireless networks[J]. IEEE Sensors Journal, 2018, 18(1):310-319.

[44] XIA Z, DU J, WANG J, et al. Multi-agent reinforcement learning aided intelligent UAV swarm for target tracking[J]. IEEE Transactions on Vehicular Technology, 2022, 71(1):931-945.

[45] LIU J, YAN J, WAN D, et al. Digital twins based intelligent state prediction method for maneuvering-target tracking [J]. IEEE Journal on Selected Areas in Communications, 2023, 41(11):3589-3606.

[46] WU Y, LOW K H, LV C. Cooperative path planning for heterogeneous unmanned vehicles in a search-and-track mission aiming at an underwater target[J]. IEEE Transactions on Vehicular Technology, 2020, 69(6):6782-6787.

[47] GUO F, WEI M, YE M, et al. An unmanned aerial vehicles collaborative searching and tracking scheme in three-dimension space [C]. 2019 IEEE 9th Annual International Conference on CYBER Technology in Automation, Control, and Intelligent Systems (CYBER), Suzhou, China, 2019:1262-1266.

[48] VAN HUYNH D, KHOSRAVIRAD S R, MASARACCHIA A, et al. Edge intelligence-based ultra-reliable and low-latency communications for digital twin-enabled metaverse[J]. IEEE Wireless Communications Letters, 2022, 11(8): 1733-1737.

[49] VAN HUYNH D, NGUYEN V D, KHOSRAVIRAD S R, et al. Distributed communication and computation resource management for digital twin-aided edge computing with short-packet communications[J]. IEEE Journal on Selected Areas in Communications, 2023, 41(10):3008-3021.

[50] LIM S H, KIM S, SHIM B, et al. Efficient beam training and sparse channel estimation for millimeter wave communications under mobility[J]. IEEE Transactions

on Communications, 2020, 68(10):6583-6596.

[51]MANNEM N S, ERFANI E, HUANG T Y, et al. A mm-wave frequency modulated transmitter array for superior resolution in angular localization supporting low-latency joint communication and sensing[J]. IEEE Journal of Solid-State Circuits, 2022, 1(1):1-14.

[52]HAORAN S, FAXING L, HANGYU W, et al. Optimal observation configuration of UAVs based on angle and range measurements and cooperative target tracking in three-dimensional space[J]. Journal of Systems Engineering and Electronics, 2020, 31(5):996-1008.

[53]SHARMA P, SAUCAN A A, BUCCI D J, et al. Decentralized gaussian filters for cooperative self-localization and multi-target tracking[J]. IEEE Transactions on Signal Processing, 2019, 67(22):5896-5911.

[54]YANG Y, LIAO L, YANG H, et al. An optimal control strategy for multi-UAVs target tracking and cooperative competition[J]. IEEE/CAA Journal of Automatica Sinica, 2021, 8(12):1931-1947.

[55]WANG Y, WU Y, SHEN Y. Cooperative tracking by multi-agent systems using signals of opportunity[J]. IEEE Transactions on Communications, 2020, 68(1):93-105.

[56]YU X, CHEN X, HUANG Y, et al. Radar moving target detection in clutter background via adaptive dual-threshold sparse fourier transform[J]. IEEE Access, 2019(7):58200-58211.

[57]YU J, WANG P, CAI Z, et al. Underwater acoustic target classification and grading technology based on track fusion[C]. 2023 2nd International Symposium on Sensor Technology and Control (ISSTC), 2023:144-150.

[58]ZHU S, ZHU L, LIU Y, et al. Multi-moving target recognition and tracking based on mobile robot platform[C]. 2021 3rd International Conference on Applied Machine Learning (ICAML), Changsha, China, 2021:306-309.

[59]XU Y, ZHANG C, LIU G, et al. Target tracking algorithm based on electromagnetic and image trajectory matching[C]. 2021 8th International Conference on Dependable Systems and Their Applications (DSA), Yinchuan, China, 2021:327-331.

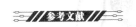

［60］REN W, WANG X, TIAN J, et al. Tracking-by-counting: Using network flows on crowd density maps for tracking multiple targets［J］. IEEE Transactions on Image Processing, 2021(30):1439-1452.

［61］DONG W, TIAN Z, LI Z, et al. D-track:Towards accurate tracking using a single access point［C］. 2022 IEEE International Symposium on Antennas and Propagation and USNC-URSI Radio Science Meeting (AP-S/URSI), Denver, CO, USA, 2022: 305-306.

［62］GAO Y, MAO X, MA H, et al. Multi-targets tracking association based on online sequential elm［C］. 2021 CIE International Conference on Radar (Radar), Haikou, Hainan, China, 2021:891-894.

［63］ZONG X, LUAN Y, WANG H, et al. A multi-robot monitoring system based on digital twin［J］. Procedia Computer Science, 2021, 183:94-99.

［64］LIN N, DENG K, ZHOU X. Target tracking algorithm combining twin network and semantic segmentation ［C］. 2022 IEEE 4th Eurasia Conference on IOT, Communication and Engineering (ECICE), 2022:116-120.

［65］ZHOU X, XU X, LIANG W, et al. Intelligent small object detection for digital twin in smart manufacturing with industrial cyber-physical systems ［J］. IEEE Transactions on Industrial Informatics, 2022, 18(2):1377-1386.

［66］ZHOU C, HONG T, TANG T, et al. UAV target tracking technology based on improved gm-phd filter［C］. 2022 International Conference on Information Processing and Network Provisioning (ICIPNP), Beijing, China, 2022:121-124.

［67］CHE F, LI J, NIU Y, et al. Linear rotate subspaee based visual tracking methods with application to uav stand-off target tracking ［C］. 2019 IEEE International Conference on Unmanned Systems (ICUS), Beijing, China, 2019:914-919.

［68］CHEN S, YANG H, ZHANG A, et al. UAV dynamic tracking algorithm based on deep learning［C］. 2021 3rd International Conference on Machine Learning, Big Data and Business Intelligence (MLBDBI), Taiyuan, China, 2021:482-485.

［69］LIANG H, HONG T, CHEN Z, et al. Research on key technologies of uav real-time recognition and tracking based on yolov4［C］. 2022 International Conference on Information Processing and Network Provisioning (ICIPNP), Beijing, China, 2022: 107-110.

[70] YAN J, LIU Z, CHEN C, et al. Dynamic tracking method for landing trajectory of power line patrol uav based on chaos genetic algorithm [C]. 2021 International Conference on Machine Learning and Intelligent Systems Engineering (MLISE), Chongqing, China, 2021:301-304.

[71] LIU Y, WANG Q, HU H, et al. A novel real-time moving target tracking and path planning system for a quadrotor uav in unknown unstructured outdoor scenes [J]. IEEE Transactions on Systems, Man, and Cybernetics: Systems, 2019, 49 (11): 2362-2372.

[72] XING W, YANG Y, ZHANG S, et al. Noisyotnet: A robust real-time vehicle tracking model for traffic surveillance [J]. IEEE Transactions on Circuits and Systems for Video Technology, 2022, 32(4):2107-2119.

[73] LIN Q, LIU S, ZHU Q, et al. Particle swarm optimization with a balanceable fitness estimation for many-objective optimization problems [J]. IEEE Transactions on Evolutionary Computation, 2018, 22(1):32-46.

[74] TAN Y, DING K. A survey on GPU-based implementation of swarm intelligence algorithms[J]. IEEE Transactions on Cybernetics, 2016, 46(9):2028-2041.

[75] YANG F, WANG P, ZHANG Y, et al. Survey of swarm intelligence optimization algorithms[C]. 2017 IEEE International Conference on Unmanned Systems (ICUS), 2017:544-549.

[76] ZHANG Z, LONG K, WANG J, et al. On swarm intelligence inspired self-organized networking: Its bionic mechanisms, designing principles and optimization approaches [J]. IEEE Communications Surveys Tutorials, 2014, 16(1):513-537.

[77] FENG T X, XIE L F, YAO J P, et al. UAV-enabled data collection for wireless sensor networks with distributed beamforming [C]. IEEE Transactions on Wireless Communications, 2021, 21(2):1347-1361.

[78] QIAO G, LENG S, MAHARJAN S, et al. Deep reinforcement learning for cooperative content caching in vehicular edge computing and networks[J]. IEEE Internet of Things Journal, 2020, 7(1):247-257.

[79] MARAI O E, TALEB T, SONG J. Roads infrastructure digital twin: A step toward smarter cities realization[J]. IEEE Network, 2021, 35(2):136-143.

[80] LEI L, SHEN G, ZHANG L, et al. Toward intelligent cooperation of UAV swarms: When machine learning meets digital twin [J]. IEEE Network, 2021, 35 (1): 386-392.

[81] LAI Z, ZHANG Z, WU Y, et al. Maritime target tracking algorithm based on visible light communication [C]. 2021 IEEE 9th International Conference on Information, Communication and Networks (ICICN), Xi'an, China, 2021:200-204.

[82] STRATIDAKIS G, BOULOGEORGOS A A A, ALEXIOU A. A cooperative localization-aided tracking algorithm for THz wireless systems [C]. 2019 IEEE Wireless Communications and Networking Conference (WCNC), Marrakesh, Morocco, 2019:1-7.

[83] XIA Z, DU J, JIANG C, et al. Multi-UAV cooperative target tracking based on swarm intelligence [C]. ICC 2021-IEEE International Conference on Communications, Montreal, QC, Canada, 2021:1-6.

[84] NASIR Y S, GUO D. Multi-agent deep reinforcement learning for dynamic power allocation in wireless networks [J]. IEEE Journal on Selected Areas in Communications, 2019, 37(10):2239-2250.

[85] BEARD M, REUTER S, GRANSTRÖM K, et al. Multiple extended target tracking with labeled random finite sets [J]. IEEE Transactions on Signal Processing, 2015, 64(7):1638-1653.

[86] OMERAGIĆ T, VELAGIĆ J. Tracking of moving objects based on extended kalman filter [C]. 2020 International Symposium ELMAR, 2020:137-140.

[87] VODEL M, LIPPMANN M, HARDT W. Dynamic channel management for advanced, energy-efficient sensor-actor-networks [C]. 2011 World Congress on Information and Communication Technologies, Mumbai, India, 2011:413-418.

[88] CHANG W L, CHEN J C, CHUNG W Y, et al. Quantum speedup and mathematical solutions of implementing bio-molecular solutions for the independent set problem on IBM quantum computers [J]. IEEE Transactions on NanoBioscience, 2021, 20(3): 354-376.

[89] DOOSTMOHAMMADIAN M, PIRANI M, KHAN U A. Consensus-based networked tracking in presence of heterogeneous time-delays [C]. 2022 10th RSI International

Conference on Robotics and Mechatronics（ICRoM），Tehran，Iran，2022：17-22.

［90］WEI X L, HUANG X L, LU T, et al. An improved method based on deep reinforcement learning for target searching［C］. 2019 4th International Conference on Robotics and Automation Engineering（ICRAE），2019：130-134.

［91］ZHANG Q, JIANG M, FENG Z, et al. IoTenabled uav：Network architecture and routing algorithm［J］. IEEE Internet of Things Journal，2019，6（2）：3727-3742.

［92］MAO S, LENG S, MAHARJAN S, et al. Energy efficiency and delay tradeoff for wireless powered mobile-edge computing systems with multi-access schemes［J］. IEEE Transactions on Wireless Communications，2020，19（3）：1855-1867.

［93］WANG Q, RENGARAJAN B, WIDMER J. Increasing opportunistic gain in small cells through energy-aware user cooperation［J］. IEEE Transactions on Wireless Communications，2014，13（11）：6356-6369.

［94］PARK S, MIN Y, HA J, et al. Adistributed ADMM approach to non-myopic path planning for multi-target tracking［J］. IEEE Access，2019，7（1）：163589-163603.

［95］MAO Y, YOU C, ZHANG J, et al. A survey on mobile edge computing：The communication perspective［J］. IEEE Communications Surveys & Tutorials，2017，19（4）：2322-2358.

［96］KIM J M, KIM Y G, CHUNG S W. Stabilizing CPU frequency and voltage for temperature-aware DVFS in mobile devices［J］. IEEE Transactions on Computers，2015，64（1）：286-292.

［97］ZENG Y, XU J, ZHANG R. Energy minimization for wireless communication with rotary-wing UAV［J］. IEEE Transactions on Wireless Communications，2019，18（4）：2329-2345.

［98］PATIL S S, PATIL P S. 3d bode analysis of nickel pyrophosphate electrode：A key to understanding the charge storage dynamics［J］. Electrochimica Acta，2023，451：142278.

［99］LEE J, NOH H, LIM J. Dynamic cooperative retransmission scheme for TDMA systems［J］. IEEE Communications Letters，2012，16（12）：2000-2003.

［100］BALAKRISHNAN V. Lyapunov functionals in complex analysis［J］. IEEE Transactions on Automatic Control，2002，47（9）：1466-1479.

[101]ZHOU T, LIU Y. Long-term person tracking for unmanned aerial vehicle based on human-machine collaboration[J]. IEEE Access, 2021(9):161181-161193.

[102]STUMPER U. Uncertainties of VNA s-parameter measurements applying the TAN self-calibration method [J]. IEEE Transactions on Instrumentation and Measurement, 2007, 56(2):597-600.

[103]GEORGE A S, GEORGE A H. A review of wi-fi 6:The revolution of 6th generation wi-fi technology[J]. Res. Inventy Int. J. Eng. Sci. , 2020, 10:56-65.

[104]KIM S, KWON D, JI Y. CNN based human detection for unmanned aerial vehicle (poster)[C]. Proceedings of the 17th annual international conference on mobile systems, applications, and services, Seoul, Republic of Korea, 2019:626-627.

[105]ZHANG J, ORLIK P V, SAHINOGLU Z, et al. UWB systems for wireless sensor networks[J]. Proceedings of the IEEE, 2009, 97(2):313-331.

[106]TROTTA A, FELICE M D, MONTORI F, et al. Joint coverage, connectivity, and charging strategies for distributed UAV networks [J]. IEEE Transactions on Robotics, 2018, 34(4):883-900.

[107]LAMPORT L. Time, clocks, and the ordering of events in a distributed system[J]. Commun. ACM, 1978, 21(7):558-565.

[108] FENG W, TANG J, ZHAO N, et al. Hybrid beamforming design and resource allocation for UAV-aided wireless-powered mobile edge computing networks with NOMA[J]. IEEE Journal on Selected Areas in Communications, 2021, 39(11):3271-3286.

[109] ANDREWS J G, BAI T, KULKARNI M N, et al. Modeling and analyzing millimeter wave cellular systems [J]. IEEE Transactions on Communications, 2017, 65(1):403-430.

[110]GU X, SOURY H, SMIDA B. On the throughput of wireless communication with combined CSI and H-ARQ feedback[J]. IEEE Open Journal of the Communications Society, 2021, 2(1):439-455.

[111] KARP R M. Reducibility among combinatorial problems[M]. Springer, 1972:85-103.

[112]APPLEGATE D L, BIXBY R E, COOK W J. The traveling salesman problem[M].

Princeton university press, 2011.

[113] ZHANG X, YANG Y, LI Z, et al. An improved encoder-decoder network based on strip pool method applied to segmentation of farmland vacancy field[J]. Entropy, 2021, 23(4):435.

[114] QIN Z, YAO H, MAI T. Traffic optimization in satellites communications: A multi-agent reinforcement learning approach [C]. 2020 International Wireless Communications and Mobile Computing (IWCMC), Limassol, Cyprus, 2020: 269-273.

[115] DENARDO E V. Contraction mappings in the theory underlying dynamic programming[J]. Siam Review, 1967, 9(2):165-177.

[116] KAILATH T, POOR H V. Detection of stochastic processes[J]. IEEE Transactions on Information Theory, 1998, 44(6):2230-2231.

[117] YUAN X, LI L, SHARDT Y A W, et al. Deep learning with spatiotemporal attention-based LSTM for industrial soft sensor model development [J]. IEEE Transactions on Industrial Electronics, 2021, 68(5):4404-4414.

[118] MULLER M, URBAN S, JUTZI B. Squeezeposenet: Image based pose regression with small convolutional neural networks for real time UAS navigation[J]. ISPRS Annals of the Photogrammetry, Remote Sensing and Spatial Information Sciences, 2017, 4:49.

[119] MAO H, ZHANG Z, XIAO Z, et al. Learning multi-agent communication with double attentional deep reinforcement learning[M]. Springer US, 2020:1-34.

[120] CHEN X, FENG Z, WEI Z, et al. Performance of joint sensing-communication cooperative sensing UAV network[J]. IEEE Transactions on Vehicular Technology, 2020, 69(12):15545-15556.

[121] CHEN W, HUA L, XU L, et al. MADDPG algorithm for coordinated welding of multiple robots[C]. 2021 6th International Conference on Automation, Control and Robotics Engineering (CACRE), Dalian, China, 2021:1-5.

[122] FOERSTER J N, ASSAEL Y M, DE FREITAS N, et al. Learning to communicate with deep multi-agent reinforcement learning [J]. arXiv preprint arXiv:1605. 06676, 2016.

[123] KOHLI P, SINHA A. A review of intelligent transportation systems for traffic management: Challenges and opportunities[J]. Journal of Traffic and Transportation Engineering (English Edition), 2021, 8(4):505-524.

[124] NOLAN R L. Managing the computer resource: A stage hypothesis [J]. Communications of the ACM, 1973, 16(7):399-405.

[125] THAKUR G, KUMAR P, DEEPIKA, et al. An effective privacy-preserving blockchain-assisted security protocol for cloud-based digital twin environment[J]. IEEE Access, 2023(11):26877-26892.

[126] DU J, JIANG B, JIANG C, et al. Gradient and channel aware dynamic scheduling for over-the-air computation in federated edge learning systems[J]. IEEE Journal on Selected Areas in Communications, 2023, 41(4):1035-1050.

[127] MENG K, LI D, HE X, et al. Space pruning based time minimization in delay constrained multi-task UAV-based sensing [J]. IEEE Transactions on Vehicular Technology, 2021, 70(3):2836-2849.

[128] WANG K, LI J, YANG Y, et al. Content-centric heterogeneous fog networks relying on energy efficiency optimization[J]. IEEE Transactions on Vehicular Technology, 2020, 69(11):13579-13592.

[129] RABIN M O. Complexity of computations[J]. Communications of the ACM, 1977, 20(9):625-633.

[130] GUO K, HU Y, QIAN Z, et al. Dynamic graph convolution network for traffic forecasting based on latent network of laplace matrix estimation [J]. IEEE Transactions on Intelligent Transportation Systems, 2020, 1(1):1-10.

[131] RUSEK K, SUÁREZ-VARELA J, ALMASAN P, et al. Routenet: Leveraging graph neural networks for network modeling and optimization in SDN[J]. IEEE Journal on Selected Areas in Communications, 2020, 38(10):2260-2270.

[132] LI T, LENG S, WANG Z, et al. Intelligent resource allocation schemes for UAV-swarm-based cooperative sensing[J]. IEEE Internet of Things Journal, 2022, 9(21):21570-21582.

[133] SCARDAPANE S, SPINELLI I, LORENZO P D. Distributed training of graph convolutional networks[J]. IEEE Transactions on Signal and Information Processing

over Networks, 2021, 7(1):87-100.

[134] REN L, NING X, WANG Z. A competitive markov decision process model and a recursive reinforcement-learning algorithm for fairness scheduling of agile satellites [J]. Computers & Industrial Engineering, 2022, 169:108242.

[135] BLAKELY D, LANCHANTIN J, QI Y. Time and space complexity of graph convolutional networks[J]. Accessed on:Dec, 2021, 31.

[136] IMAMBI S, PRAKASH K B, KANAGACHIDAMBARESAN G. Pytorch [J]. Programming with TensorFlow:Solution for Edge Computing Applications, 2021:87-104.

[137] SINGH S, LIANG Q, CHEN D, et al. Sense through wall human detection using UWB radar[J]. EURASIP Journal on Wireless Communications and Networking, 2011, 2011(1):1-11.

[138] ZHU L, GENG X, LI Z, et al. Improving YOLO v5 with attention mechanism for detecting boulders from planetary images [J]. Remote Sensing, 2021, 13 (18):3776.

[139] LI X, LIU C, LI Z, et al. Recent advances in visual object tracking:A review[J]. Neurocomputing, 2021, 417:118-144.

[140] QINGHUA H A N, PAN M H, ZHANG W C, et al. Time resource management of OAR based on fuzzy logic priority for multiple target tracking[J]. Journal of Systems Engineering and Electronics, 2018, 29(4):742-755.

[141] PENG J, YUAN Y. Moving object grasping method of mechanical arm based on deep deterministic policy gradient and hindsight experience replay[J]. Journal of Advanced Computational Intelligence and Intelligent Informatics, 2022, 26(1): 51-57.

[142] YU Y, WANG H, LIU S, et al. Distributed multi-agent target tracking:A Nash-combined adaptive differential evolution method for uav systems [J]. IEEE Transactions on Vehicular Technology, 2021, 70(8):8122-8133.